小学4年生 理科にぐーんと強くなる

学習指導要領対応

KUM○N

もく じ

小学**4**年生

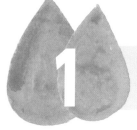

とく点

/100点

1 3年生のふく習問題

1 **ホウセンカ，オクラ，ヒマワリのからだのつくりを調べました。これについて，次の問題に答えましょう。** （1つ6点）

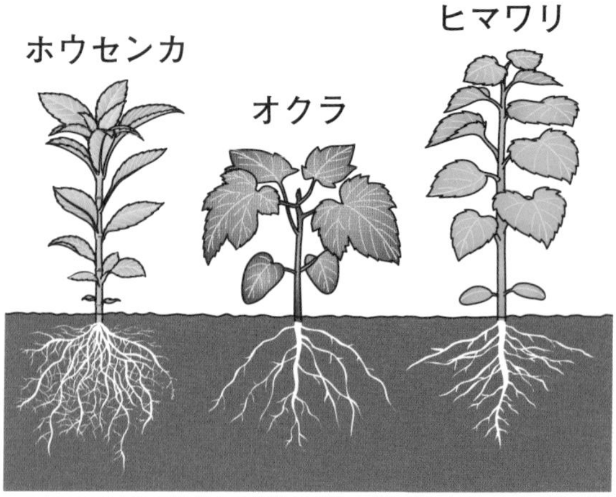

(1) ホウセンカ，オクラ，ヒマワリのからだは，どれも3つの部分からできています。3つの部分の名前を書きましょう。

(　　　　　　) (　　　　　　) (　　　　　　)

(2) これらの植物のからだのうち，土の中にある部分は何ですか。

(　　　　　　)

(3) 植物のからだのうち，葉や根がついている部分は何ですか。

(　　　　　　)

2 **モンシロチョウやショウリョウバッタについて，次の問題に答えましょう。** （1つ10点）

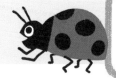

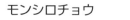

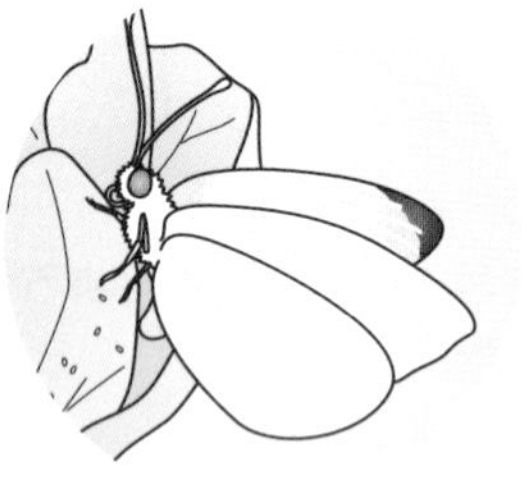
モンシロチョウ

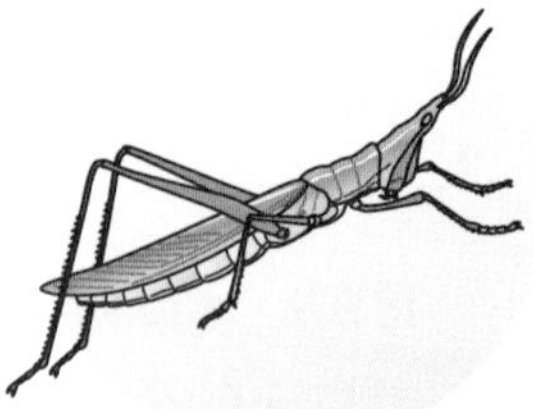
ショウリョウバッタ

(1) モンシロチョウやショウリョウバッタのあしは何本ですか。

(　　　　)

(2) モンシロチョウやショウリョウバッタのからだは，３つの部分に分かれています。このうち，あしがついているのはどこですか。 (　　　　)

(3) モンシロチョウがキャベツの葉にたまごをうみつけるのはどうしてですか。次の㋐～㋒から選(えら)びましょう。 (　　)

㋐ キャベツの葉とたまごの色がにているから。

㋑ キャベツの葉の形がモンシロチョウとにているから。

㋒ キャベツの葉が，よう虫のえさになるから。

3 右の図は，虫めがねで日光を集めたようすを表しています。図のように虫めがねを紙から遠ざけていくと，光の集まる部分の大きさはしだいに小さくなっていきました。これについて，次の問題に答えましょう。

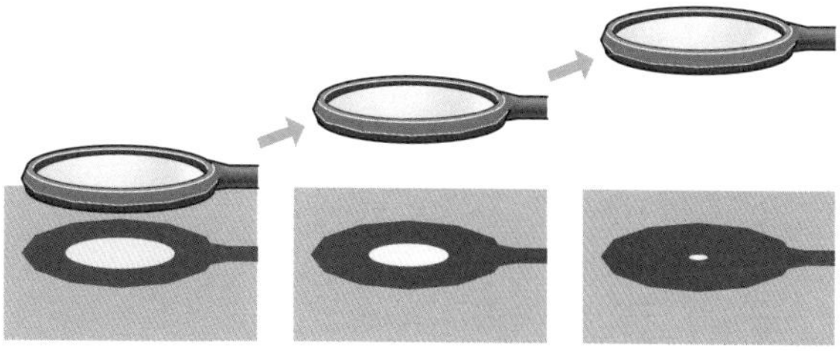

（１つ10点）

(1) 光の集まる部分の大きさが小さくなっていくと，明るさは明るくなりますか，暗くなりますか。　（　　　　　　　）

(2) 光の集まる部分の大きさが小さくなっていくと，温度は高くなりますか，低くなりますか。　（　　　　　　　）

4 下の図のように，かん電池，豆電球，ソケット，どう線などを使って，豆電球に明かりがつくかどうかを調べました。豆電球に明かりがつくものを，次の㋐～㋕からすべて選びましょう。

（全部できて10点）（　　　　　　　）

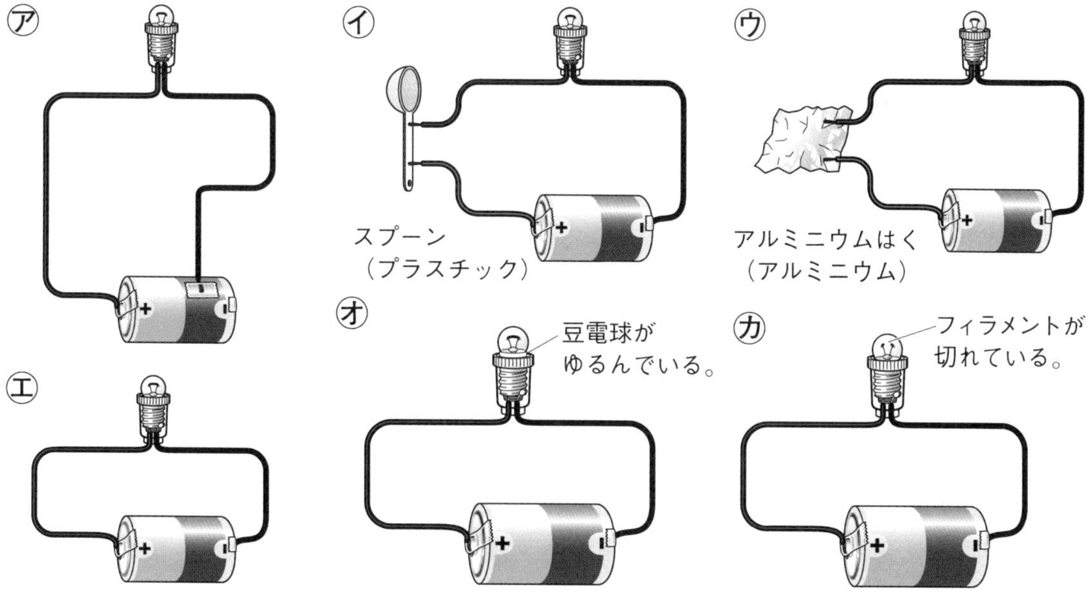
㋐
㋑
スプーン
（プラスチック）
㋒
アルミニウムはく
（アルミニウム）
㋓
㋔
豆電球が
ゆるんでいる。
㋕
フィラメントが
切れている。

5 次の㋐～㋕のうち，じしゃくにつくのはどれですか。すべて選びましょう。

（全部できて10点）（　　　　　　　）

㋐ 空きかん（アルミニウム）　㋑ 10円玉（銅（どう））　㋒ スプーン（鉄）
㋓ ノート（紙）　㋔ クリップ（鉄）　㋕ コップ（ガラス）

答え➡別冊解答1ページ

とく点

/100点

2 天気と気温①

おぼえよう

天気と気温の変化

晴れの日の気温の変化

・朝夕は低く，昼すぎに高くなる。

・1日の気温の変化が大きい。

くもりの日や雨の日の気温の変化

・1日の中で，気温はあまり変化しない。

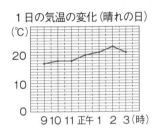

1日の気温の変化（晴れの日）

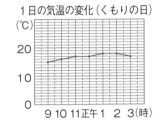

1日の気温の変化（くもりの日）

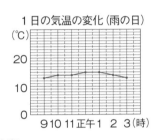

1日の気温の変化（雨の日）

気温のはかり方

・空気の温度は，地面のようすや，地面からの高さでちがう。

・「気温」とは下のようにしてはかった空気の温度のこと。

①温度計に，直せつ日光が当たらないようにする。
②建物からはなれた，風通しのよいところではかる。
③温度計を，地面から1.2〜1.5mの高さにしてはかる。

温度計

温度計に日光が直せつ当たらないようにするおおい。

1.2〜1.5m

百葉箱

気温をはかるときのじょうけんに合わせて作られていて，中には記録温度計（自記温度計）などが入っている。

記録温度計（自記温度計）

気温を自動的に連続してはかることができる器具。

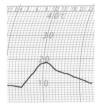

記録温度計による記録の例

1 気温の正しいはかり方について，次の問題に答えましょう。

（1つ10点）

(1) 温度計の高さは地面からどれくらいにすればよいですか。数字を書きましょう。　　　　　　　　　　　　　（　　　　m〜　　　　m）

(2) 気温は，風通しのよいところと，風通しの悪いところのどちらではかりますか。　　　　　　　　　　　　（　　　　　　　　　　　）

(3) 気温をはかるとき，温度計に直せつ日光が当たるようにしますか，当たらないようにしますか。　　　　　　　　　（　　　　　　　　　　　）

2

次の文は，天気と気温の変化について書いたものです。（　）にあてはまることばを，　　　から選んで書きましょう。　（1つ10点）

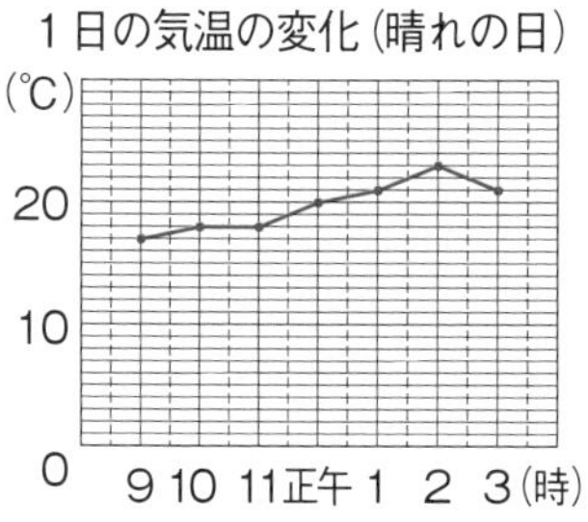

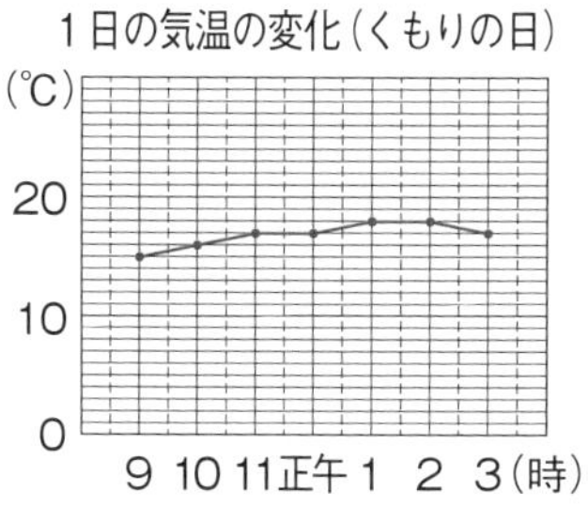

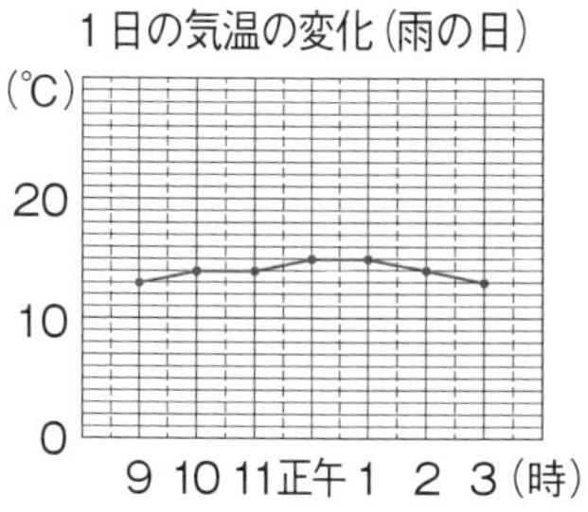

(1) 晴れの日の気温は，朝夕は①（　　　），昼すぎに②（　　　）なる。

(2) 晴れの日は，1日の気温の変化が（　　　）。

(3) くもりの日や雨の日は，1日の気温の変化が（　　　）。

大きい　　小さい　　高く　　低く

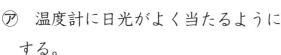

3

右の図は，温度計で気温をはかっているようすを表したものです。これについて，次の問題に答えましょう。　（1つ10点）

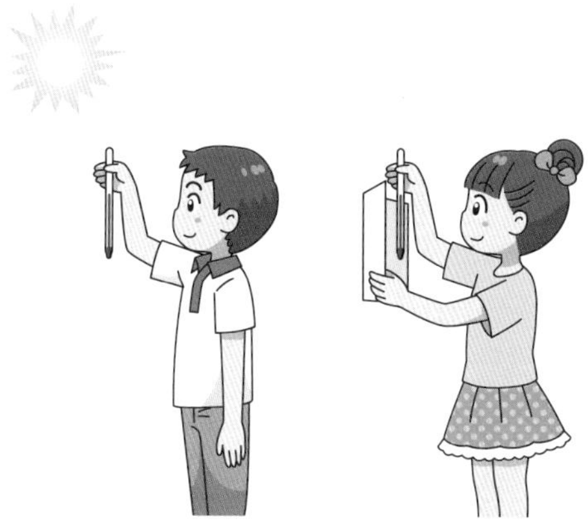

(1) 温度計への日光の当て方について正しいものを，次の㋐，㋑から選びましょう。　（　　　）

㋐ 温度計に日光がよく当たるようにする。

㋑ 温度計に直せつ日光が当たらないようにする。

(2) 風通しについて正しいものを，次の㋐，㋑から選びましょう。（　　　）

㋐ 建物からはなれた，風通しのよいところではかる。

㋑ 建物の近くの，風の当たらないところではかる。

(3) 温度計の位置について正しいものを，次の㋐，㋑から選びましょう。

（　　　）

㋐ 温度計を地面にできるだけ近づけてはかる。

㋑ 温度計の高さを地面から1.2～1.5mにする。

答え➡別冊解答1ページ

3 天気と気温②

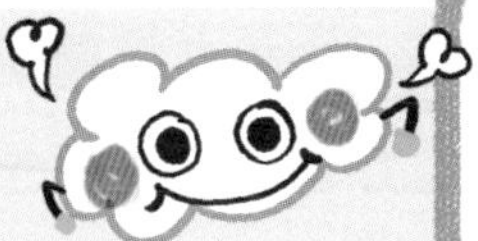

とく点

/100点

1

右の図は，晴れの日と雨の日の1日の気温の変化(へんか)を調べたものです。これについて，次の問題に答えましょう。（1つ10点）

[1]

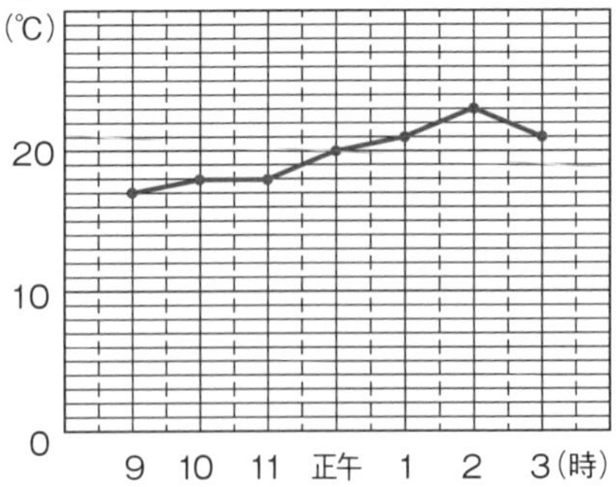

[2]

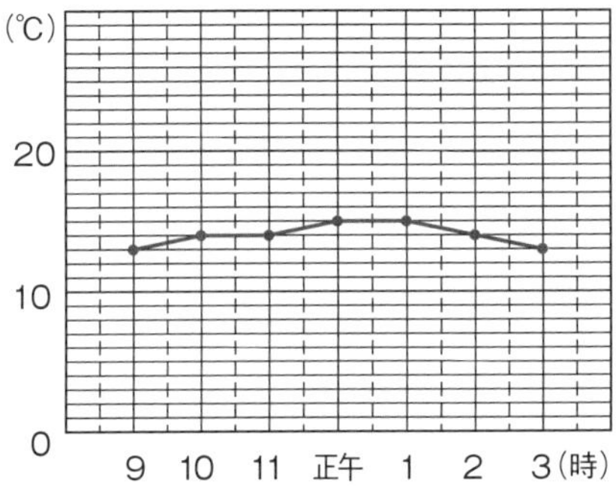

(1) [1]の日の天気は，「晴れ」と「雨」のどちらですか。（　　　　　）

(2) [2]の日の天気は，「晴れ」と「雨」のどちらですか。（　　　　　）

(3) 晴れの日に，気温が最(もっと)も高くなったのはいつごろですか。次の㋐～㋓から選(えら)びましょう。（　　）

㋐ 朝に，最も高くなった。

㋑ 昼すぎに，最も高くなった。

㋒ 夕方に，最も高くなった。

㋓ １日中，あまり変化しなかった。

2

気温をはかるときは，図1のような百葉箱(ひゃくようばこ)を使ったり，図2のようにしたりします。これについて，次の問題に答えましょう。（1つ14点）

図1

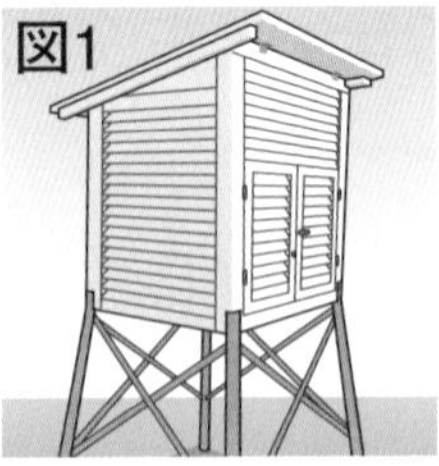

図2

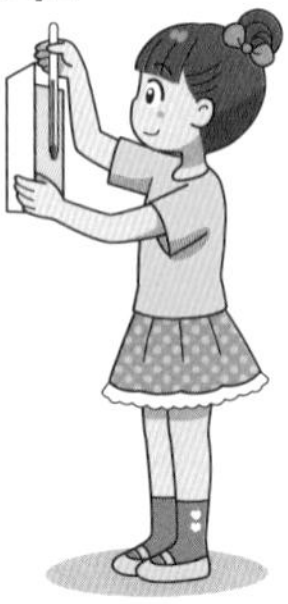

(1) 百葉箱について正しいものを，次の㋐～㋒から選びましょう。（　　）

㋐ 風が入ってこないように作られている。

㋑ 地面からの高さがいろいろ変(か)えられるように作られている。

㋒ 日光の当たり方や地面からの高さなど，気温をはかるじょうけんに合わせて作られている。

(2) 図2で左手で持っているおおいは，何のためのものですか。

（　　　　　　　　　　　　　　　　　　　　）

3 下の図は，記録温度計（自記温度計）で，3日間にわたって気温を調べたときの記録です。これについて，次の問題に答えましょう。　（1つ14点）

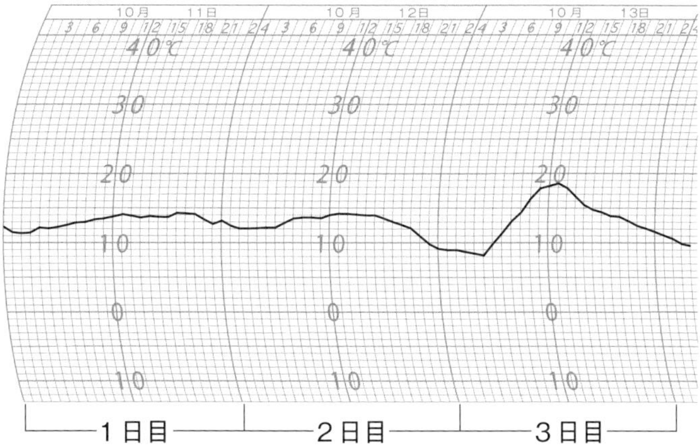

⑴　この3日間の天気のようすはどうでしたか。次の㋐～㋓から選びましょう。　（　　）

㋐　はじめのうちは天気がよかったが，やがて天気がわるくなった。

㋑　はじめのうちは天気がわるかったが，やがて天気はよくなった。

㋒　はじめのうちは天気がよく，一時わるくなったが，またよくなった。

㋓　はじめのうちは天気がわるかったが，一時よくなり，またわるくなった。

⑵　天気がよくなったのは，いつごろですか。次の㋐～㋒から選びましょう。　（　　）

㋐　1日目

㋑　2日目

㋒　3日目

⑶　記録温度計は，百葉箱の中に置いて使いました。百葉箱はどのように作られていますか。次の㋐～㋓から選びましょう。　（　　）

	日　光	風通し	温度計の高さ
㋐	中までさしこむ	よく風が通る	1.5～1.8m
㋑	中までさしこむ	風が入らない	1.2～1.5m
㋒	中までさしこまない	風が入らない	1.5～1.8m
㋓	中までさしこまない	よく風が通る	1.2～1.5m

4 雨水のゆくえと地面のようす①

おぼえよう

地面のかたむきと水の流れ

・水は，地面の高いところから低いところへ流れる。
・流れる水は低いところに集まって，水たまりをつくる。

雨がふっているとき

水は川のように流れている。

雨がやんだ後

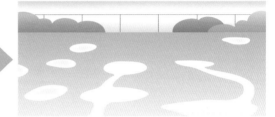

水がたまっているところがある。

地面のかたむきの調べ方

・ビー玉を置く。→ビー玉は低いほうへ転がる。

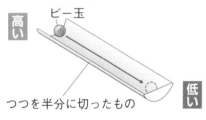

高い　ビー玉
つつを半分に切ったもの　低い

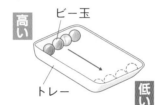

高い　ビー玉
トレー　低い

・水を入れた入れ物
　→水面がかたよる。

高い　水面
水平なところで
つけた水面の印　低い

土のつぶの大きさと水のしみこみ方

校庭の土

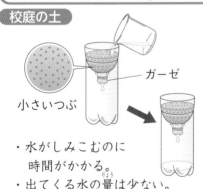

小さいつぶ　ガーゼ

・水がしみこむのに
　時間がかかる。
・出てくる水の量は少ない。

土のつぶが大きい
ほうが，水はしみ
こみやすい。

すな場のすな

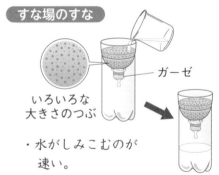

いろいろな
大きさのつぶ　ガーゼ

・水がしみこむのが
　速い。
・出てくる水の量は多い。

1 学校の校庭の地面の高さのちがいを調べました。下の①，②の図で高いほうは，それぞれ右・左のどちらですか。

（1つ15点）

① 左　水面　右
水平なところでつけた水面の印

② 左　ビー玉　右
つつを半分に切ったもの

① (　　　)

② (　　　)

2

雨がふっているときと，雨がやんだ後の校庭のようすを調べました。これについて，次の問題に答えましょう。（1つ15点）

(1) 水が流れているのは，地面がかたむいているところと，かたむいていないところのどちらですか。（　　　　　　　　）

(2) 水たまりができているところは，まわりとくらべてどのようなところですか。（　　　　　　　　）

3

道路のわきに，水を流すためのみぞ(側こう)がある道路があります。水を流れやすくするために，道路をどのようにしていますか。次の㋐～㋒から選びましょう。

（1つ10点）

（　　）

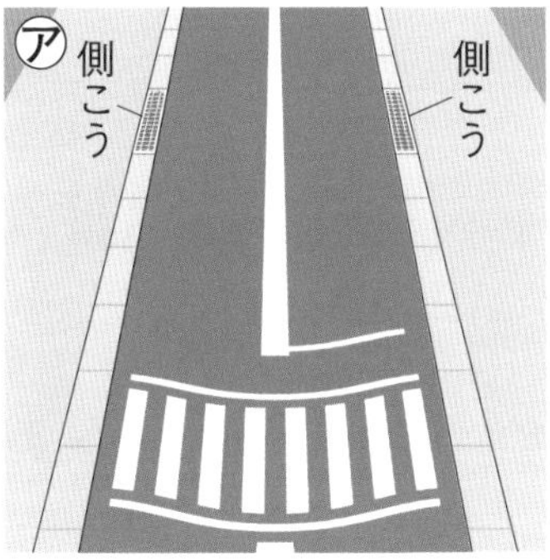

道路の両わきが少し高い。

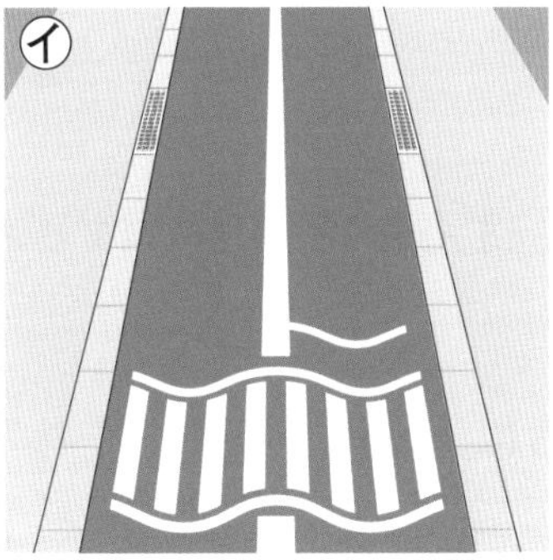

波うったようになっている。

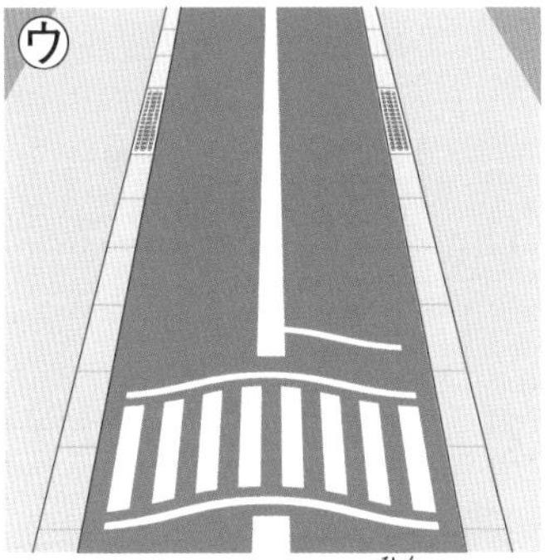

道路の両わきが少し低い。

4

次の文の（　）にあてはまることばを，　　　から選んで書きましょう。同じことばを，くり返し使ってもかまいません。（1つ10点）

水は，①（　　　　）ところから②（　　　　）ところへ流れ，水たまりは③（　　　　）ところにできる。

高い　　低い　　かたむいている　　明るい　　暗い

5 雨水のゆくえと地面のようす②

1　校庭の土とすな場のすな，じゃり(小石とすながまじったもの)を，それぞれ右の図のようなそうちに入れて同じ量の水を流し，出てくる水の量で水のしみこみ方のちがいを調べる実験をしました。出てくる水の量は㋐がいちばん多く，㋒がいちばん少ないという結果でした。これについて，次の問題に答えましょう。

（1つ10点）

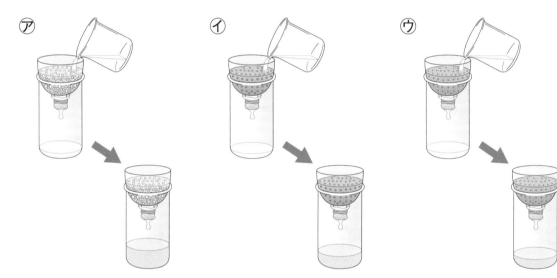

(1)　水のしみこみ方がいちばんおそいものはどれですか。㋐～㋒から選びましょう。　　　　　　　　　　　　　　　　　　　　（　　　）

(2)　水のしみこみ方がいちばん速いものはどれですか。㋐～㋒から選びましょう。　　　　　　　　　　　　　　　　　　　　（　　　）

(3)　㋐～㋒は，それぞれ校庭の土，すな場のすな，じゃりのどれですか。

㋐（　　　　　　　　　）

㋑（　　　　　　　　　）

㋒（　　　　　　　　　）

(4)　㋐～㋒で，水のしみこみ方がいちばん速いのは，つぶの大きいものですか，小さいものですか。　　　　　（　　　　　　　　　）

2 小石と花だんの土を，下の図の㋐〜㋓のように量をいろいろ変え(か)てまぜ，**1**と同じそうちに入れて上から同じ量の水を流し，水のしみこみやすさを調べました。これについて，次の問題に答えましょう。（1つ8点，(4)は両方できて8点）

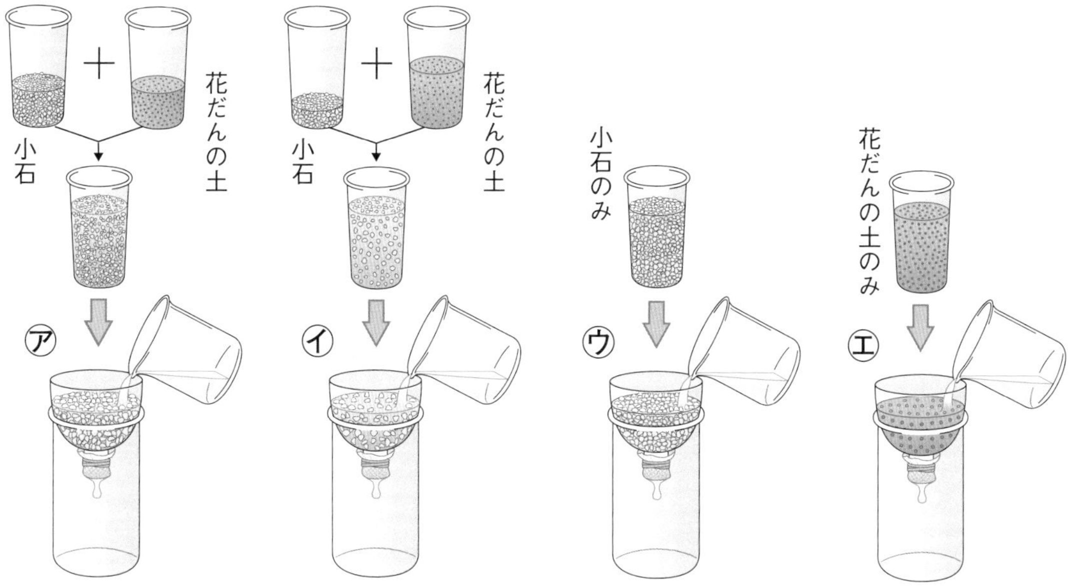

(1) 水のしみこみ方がいちばん速いものを㋐〜㋓から選びましょう。

（　　）

(2) 水のしみこみ方がいちばんおそいものを㋐〜㋓から選びましょう。

（　　）

(3) (1)と(2)からわかる，土のつぶの大きさと水のしみこみ方について，次の文の(　)にあてはまることばを書きましょう。

　土のつぶの大きさが①（　　　　）ほど，水がしみこみにくい。また，小石と花だんの土では，②（　　　　）のほうが水がしみこみにくい。

(4) ㋑の土を，もっと水をしみこみやすくするには，小石と花だんの土のどちらをへらして，どちらをふやせばよいですか。

へらす（　　　　）

ふやす（　　　　）

6 **単元のまとめ**

とく点

/100点

1 下の文は，晴れの日と雨の日の気温の変化について説明したものです。これについて，次の問題に答えましょう。　　　　　　　　　　　　　　　　　　（1つ10点）

> ⓐ　この日，朝のうちは気温が低かったが，しだいにあたたかくなり，午後2時ごろに気温が最も高くなった。その後は，ふたたび気温が下がった。
>
> ⓘ　この日，朝の気温はあまり低くなかったが，時間がたっても気温は上がらなかった。気温があまり変化しなかったので，1日のうちで最も気温が高くなった時こくもはっきりしなかった。

(1) ⓐ，ⓘの日の気温の変化を表したグラフを，右の㋐，㋑からそれぞれ選びましょう。

ⓐの日（　　　）
ⓘの日（　　　）

㋐　1日の気温の変化
（℃）
20
10
0　9　10　11　正午　1　2　3（時）

㋑　1日の気温の変化
（℃）
20
10
0　9　10　11　正午　1　2　3（時）

(2) ⓐ，ⓘの日の天気は「晴れ」と「雨」のどちらですか。それぞれ書きましょう。
ⓐの日（　　　　　　　）　　ⓘの日（　　　　　　　）

2 ある日の朝，起きると，とてもよく晴れていました。テレビの天気予報をみると，1日中よく晴れるようです。この後，気温はどうなると考えられますか。次の㋐〜㋒から選びましょう。　　　　　　　　　　　　　　　　　　　　　　（12点）

（　　　）

㋐　朝の気温のままあまり上がらず，1日中あまり変化しない。

㋑　時間がたつにつれて下がっていき，午後2時ごろに最も低くなる。

㋒　時間がたつにつれて上がっていき，午後2時ごろに最も高くなる。

3 下の図の㋐は，雨がやんだ後の校庭のようすで，㋑〜㋓は，入れ物を地面に置いたときの，ビー玉や水のそれぞれのようすです。これについて，次の問題に答えましょう。

（1つ8点）

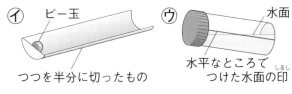

㋑ ビー玉
つつを半分に切ったもの

㋒ 水面
水平なところでつけた水面の印

㋓ 後ろ
左
トレー
前
右
ビー玉

㋐
水が流れたあと
水たまり

（1） ㋐で，水たまりができているのは，まわりよりも高いところですか，低いところですか。

（　　　　　　　）

（2） ㋑，㋒で，高いのは，それぞれ右・左のどちらですか。

㋑（　　　　） ㋒（　　　　）

（3） ㋓の，右・左，前・後ろで，それぞれ低いほうを書きましょう。

（　　　，　　　）

4 右の図のようなそうちに，花だんの土とすな場のすなをそれぞれ入れて水を注ぎ，水のしみこみ方を調べます。これについて，次の問題に答えましょう。

（1つ8点）

花だんの土やすな場のすなを入れる。

（1） 水のしみこみ方を調べるとき，流しこむ水の量は，土の種類によって変えますか，変えませんか。

（　　　　　　　）

（2） 正しい方法で調べたとき，しみこむ速さがおそいのは，花だんの土とすな場のすなのどちらですか。（　　　　　　　）

これが台風だ！

台風って何？

　夏から秋にかけて，強い風を起こしたくさんの雨をふらせる台風は，大きな風のかたまりみたいなものです。

　台風は，日本から遠く南にはなれた赤道に近い，あたたかい海でうまれます。

　台風は，熱帯低気圧のうち，中心付近の最大風速（風の速さ）が1秒間に17.2m以上になったものをいいます。

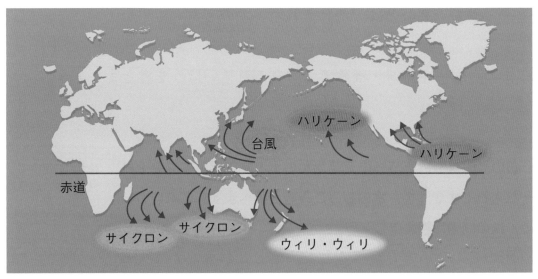

▲熱帯低気圧のうまれるところとよび名

この単元では，天気と気温，雨水のゆくえと
地面のようすについて学習しました。ここでは，
台風のひみつを調べましょう。

台風の目って何？

　台風の雲の半径は400～800kmぐらいで，ほぼ円形をしています。台風は，
うずをまくようにして風がふき上がることで雲ができ，はげしい雨がふりま
す。この中心には直径20～100kmぐらいの，「台風の目」とよばれる部分が
あります。台風の目では雲はなく，風もほとんどありません。

　台風は，この台風の目を中心にして回転する雲のきょ大なうずまきなので
す。台風の目はおだやかなのに，そこから少しはなれると雨や風がはげしく
なっています。また，台風の目が真上を通ると，そこだけポッカリと青空が
見えることがあります。

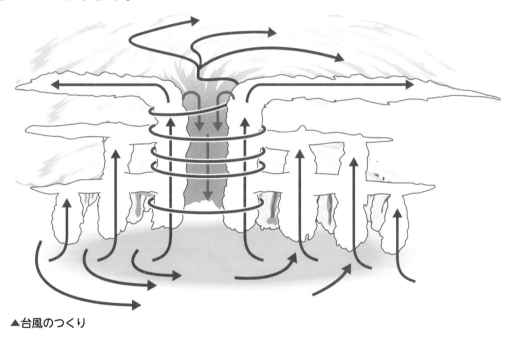

▲台風のつくり

自由研究のヒント

　同じ熱帯低気圧でも，地いきによってよび名がちがっています。いろいろなよ
び名を調べて，地いきごとにまとめてみましょう。

答え➡別冊解答2ページ

7 春の植物や動物のようす①

とく点

/100点

おぼえよう

春になると あたたかくなるにつれて，植物は**成長**し，動物は**活発**に**活動**するようになる。

植物のようす
・ヘチマなど，春にたねをまく植物は，あたたかくなるにつれて，芽を出し，成長する。
・サクラは，花がさいた後，葉が出てくる。

ヘチマの成長

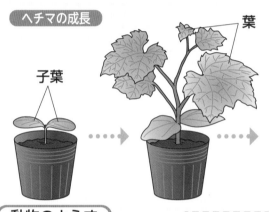

葉

子葉

ヘチマの植えかえ

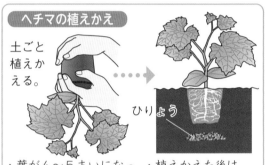

土ごと植えかえる。

ひりょう

・葉が4～5まいになったら，花だんやプランターなどに植えかえる。
・植えかえた後は，水をあたえる。

動物のようす

オオカマキリ
たまごからよう虫がかえる。

アゲハ
花のみつをすったり，たまごをうんだりする。

ナナホシテントウ
アブラムシを食べ，たまごをうむ。

ヒキガエル
たまごからおたまじゃくしがかえる。

ツバメ
南のほうから日本に来て，巣をつくり，たまごをうみ，ひなを育てる。

1 次の文は，春の植物のようすを書いたものです。（　）にあてはまることばを，から選んで書きましょう。 （1つ5点）

ヘチマなど，春に①（　　　　　　　）をまく植物は，あたたかくなるにつれて，②（　　　　　　　）を出し，成長する。

たね　水　芽　実

2 右の図は，ヘチマの成長のようすを表したものです。□□にあてはまることばを，　　　　から選んで書きましょう。 （1つ5点）

② □

① □

花　　葉　　子葉　　くき

3 次の文は，ヘチマの育て方について書いたものです。（　）にあてはまることばを，　　　　から選んで書きましょう。 （1つ10点）

(1)　葉の数が（　　　　　　）まいになったら，花だんやプランターなどに植えかえる。

(2)　植えかえた後は，（　　　　　　）をあたえる。

1〜2　　4〜5　　空気　　水

4 次の表は，春の動物のようすをまとめたものです。（　）にあてはまることばを，　　　　から選んで書きましょう。 （1つ10点）

オオカマキリ	・たまごから①（　　　　　　）がかえる。
アゲハ	・花にきて，②（　　　　　　）をすう。 ・たまごをうむ。
ナナホシテントウ	・③（　　　　　）を食べる。 ・たまごをうむ。
ヒキガエル	・たまごから④（　　　　　　）がかえる。
ツバメ	・⑤（　　　　　）のほうから日本にやって来る。 ・巣をつくり，たまごをうみ，⑥（　　　　　）を育てる。

おたまじゃくし　　アブラムシ　　よう虫　　ひな　　花のみつ　　南　　北

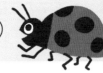

答え➡別冊解答3ページ

とく点

/100点

8 春の植物や動物のようす②

1

下の図は，ヘチマの芽が出てから育つようすを表したものです。これについて，次の問題に答えましょう。（１つ10点）

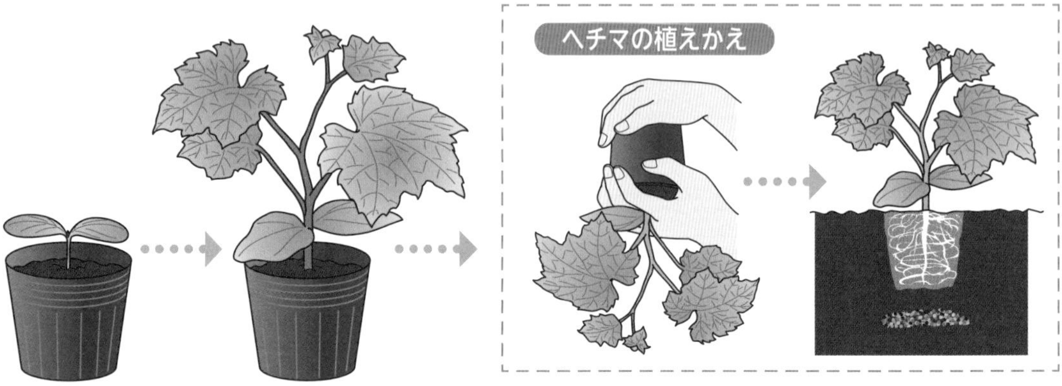
ヘチマの植えかえ

(1)　ヘチマの芽が出て，はじめにひらくのは，子葉と葉のどちらですか。

（　　　　　　　　）

(2)　ヘチマを植えかえるときにはどうしますか。次の㋐～㋒から選びましょう。（　　）

㋐　根から土を落としてから，植えかえる。

㋑　葉を切ってから，植えかえる。

㋒　根についている土ごと植えかえる。

2

右の図は，春の動物のようすを表したものです。これについて，次の問題に答えましょう。

（１つ10点）

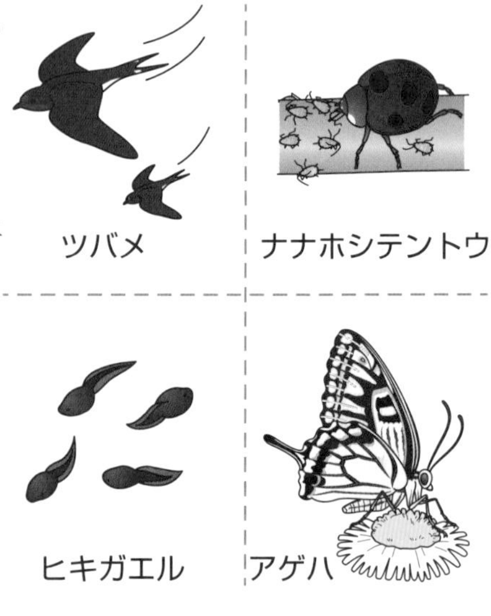
ツバメ
ナナホシテントウ
ヒキガエル
アゲハ

(1)　春になると，南のほうから日本にやって来るものを，図から選びましょう。

（　　　　　　　　）

(2)　春になると，花のみつをすい，たまごをうむものを，図から選びましょう。

（　　　　　　　　）

3 春の植物のようすについて，次の問題に答えましょう。

（1つ10点）

(1) 春のヘチマのようすはどうなっていますか。次の㋐～㋒から選びましょう。 (　　)

㋐ 葉もくきもかれている。　㋑ 花がさいて，実がなっている。

㋒ たねから芽が出て，成長（せいちょう）し始めている。

(2) 春になると，サクラはどうなりますか。次の㋐～㋒から選びましょう。 (　　)

㋐ 花がさいた後，葉が出てくる。

㋑ 葉が出てきた後，花がさく。

㋒ 実ができた後，葉が出てくる。

(3) 春になると，ヘチマやサクラが(1)や(2)のようになるのはどうしてですか。次の㋐～㋓から選びましょう。 (　　)

㋐ すずしくなったから。　㋑ あたたかくなったから。

㋒ 風が強くなったから。　㋓ 雨がよくふるようになったから。

4 春の動物のようすについて，次の問題に答えましょう。

（1つ15点）

(1) 春になると，動物の活動のようすはどうなりますか。次の㋐～㋓から選びましょう。 (　　)

㋐ 活発に活動し始め，たまごをうんだり，たまごからかえったりするものが多い。

㋑ すべてのよう虫が成虫（せいちゅう）になり，ひなは巣立（すだ）つ。

㋒ 動物は，南のほうへ行ったり，死んだりして，あまり見られない。

㋓ あまり活動せず，土の中やかれ葉の下などでじっとしているものが多い。

(2) 春になると，動物が(1)のように活動するのは，気温がどうなったからですか。 (　　　　　　　　)

9 夏の植物や動物のようす①

おぼえよう

夏になると 気温が高くなり，植物はよく成長する。動物が多く見られる。

植物のようす

・ヘチマなどは，くきがとてもよくのび，葉も大きくなり，しげって，花がさく。

・サクラは，葉の緑色がこくなり，葉の数が多くなる。

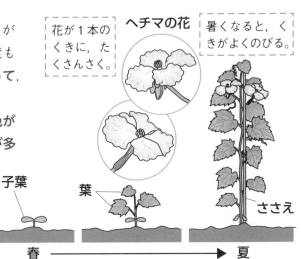

花が1本のくきに，たくさんさく。

ヘチマの花

暑くなると，くきがよくのびる。

子葉

葉

ささえ

ヘチマの成長

春 ⟶ 夏

動物のようす

オオカマキリ

春にたまごからかえったよう虫が活発に動く。

アゲハ

よう虫が大きくなり，さなぎ，成虫になる。
→たまごをうむ。

ヒキガエル

おたまじゃくしにあしがはえて，陸に上がる。

ナナホシテントウ

たまごからかえったよう虫が，アブラムシを食べる。

ツバメ

親ツバメは，食べ物を集めてきて，ひなにあたえる。暑くなるころ，ひなは巣立ちをする。

1 次の文は，夏の植物や動物のようすを書いたものです。（　）にあてはまることばを，　　　から選んで書きましょう。 （1つ8点）

(1) 夏になると，気温が（　　　　　　　）。

(2) 植物は（　　　　　　　）ようになる。

(3) 見られる動物の数は（　　　　　　　）なる。

高くなる　　低くなる　　よく成長する　　成長しない　　多く　　少なく

2 次の文は，夏のヘチマやサクラのようすについて書いたものです。（　）にあてはまることばを，　　　から選んで書きましょう。　（1つ10点）

(1) ヘチマは，夏になると，くきが

①（　　　　　　　　　　　），葉の大きさは

②（　　　　　　　　　）なり，よくしげって花がさく。

(2) サクラは，夏になると，葉の緑色が

①（　　　　　　　　）なり，葉の数は

②（　　　　　　　　）なる。

よくのび　　大きく　　小さく　　こく
うすく　　多く　　少なく

3 次の表は，夏の動物のようすをまとめたものです。（　）にあてはまることばを，　　　から選んで書きましょう。同じことばを，くり返し使ってもかまいません。

（1つ6点）

オオカマキリ	・春にたまごからかえった①（　　　　　　　）が，活発に動く。
アゲハ	・よう虫が大きくなり，さなぎになった後，②（　　　　　）になる。
ナナホシテントウ	・たまごからかえった③（　　　　　）が，アブラムシを食べて大きくなる。
ヒキガエル	・おたまじゃくしに④（　　　　　）がはえて，陸（りく）に上がる。
ツバメ	・親ツバメは，ひなに⑤（　　　　　）をあたえる。 ・暑くなるころ，ひなは⑥（　　　　　）をする。

成虫（せいちゅう）　　よう虫　　あし　　つの　　水　　食べ物　　巣立ち（すだち）

答え➡別冊解答3ページ

10 夏の植物や動物のようす②

とく点

/100点

1

右の図は，春から夏のヘチマの成長のようすを表したものです。これについて，次の問題に答えましょう。　（１つ６点）

(1)　春から夏になると，ヘチマのくきののび方や葉の数はどうなりますか。

くき（　　　　　　　）

葉の数（　　　　　　　）

(2)　ヘチマが(1)のようになるのは，気温がどうなるからですか。

（　　　　　　　）

春 ──────→ 夏

2

右の図は，夏の動物のようすを表したものです。これについて，次の問題に答えましょう。　（１つ10点）

(1)　夏になるとあしがはえて，陸に上がるものを，図から選びましょう。

（　　　　　　　）

(2)　暑くなるころに巣立ちをするものを，図から選びましょう。

（　　　　　　　）

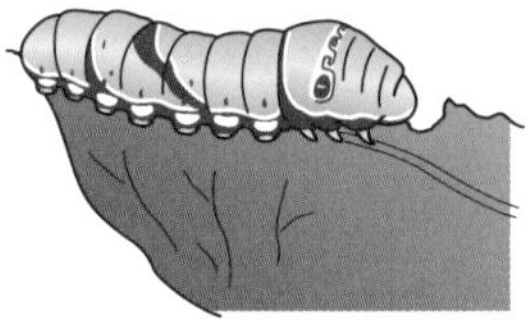

アゲハ

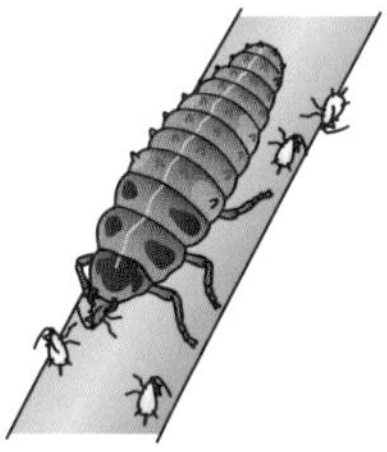

ナナホシテントウ

ツバメ

ヒキガエル

(3)　アゲハやナナホシテントウのよう虫は，この後どうなりますか。次の㋐，㋑から選びましょう。

㋐　よう虫のまま大きくなる。

㋑　さなぎになってから成虫になる。

（　　）

3 春から夏にかけてのツバメのようすについて，次の問題に答えましょう。

((1)10点，(2)(3)1つ6点)

(1) 春から夏にかけて，ツバメはどのように活動しますか。次の㋐～㋔を，活動の順_{じゅん}に書きましょう。

(　　 → 　　 → 　　 → 　　 → 　　)

㋐ 巣づくりをする。　　㋑ たまごをうむ。

㋒ 南のほうからやって来る。　　㋓ ひなに食べ物をあたえて育てる。

㋔ ひなをかえす。

(2) 上の図は，親ツバメが何をしているところですか。

(　　　　　　　　　　　　)

(3) 暑くなるころ，親ツバメと同じくらいの大きさに育ったツバメは，巣から飛_とび立ちます。これを何といいますか。　　(　　　　　　)

4 右のグラフは，ヘチマのくきの長さの変化_{へんか}を調べたものです。これについて，次の問題に答えましょう。

(1つ10点)

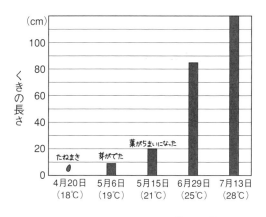

(1) くきがよくのびているのは，春と夏のどちらですか。

(　　　　　　)

(2) 7月13日のヘチマのようすについて正しいものを，次の㋐～㋓から選びましょう。　　(　)

㋐ くきや葉はかれている。　　㋑ 葉は大きくなり，しげっている。

㋒ 子葉が大きくなってきた。　　㋓ 葉は落ちたが，くきはかれていない。

(3) 春と夏とでヘチマの育ち方がちがったのは，空気の何が変_かわったからですか。

(　　　　　　　　　　　　)

11 秋の植物や動物のようす①

おぼえよう

秋になると　すずしくなると，多くの植物は，しだいに葉やくきが**かれていく**。動物は，活動が**にぶく**なり，見られる数も**へってくる**。

植物のようす
・ヘチマなどは，夏から秋にかけて花がさき，**実をむすぶ**。気温が低くなってくると，くきはのびなくなり，実が大きくなる。
・サクラなどは，葉は色が変わり，しだいに落ちていく。

ヘチマの実の成長

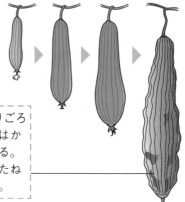

10月の終わりごろになると，実はかれて茶色になる。実の中には，たねができている。

動物のようす

オオカマキリ
たまごをうむ。

アゲハ
よう虫がさなぎになる。

ナナホシテントウ
成虫になっているものと，よう虫がさなぎになっているものがいる。

ヒキガエル
しだいに動きがにぶくなる。

ツバメ
夏の終わりになると，子どもは飛び回るようになり，寒くなってくると，親といっしょに南のほうへ飛び立っていく。

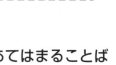

1 次の文は，秋の植物や動物のようすを書いたものです。（　）にあてはまることばを，　　　　から選んで書きましょう。　（1つ10点）

(1) すずしくなると，多くの植物はしだいに葉やくきなどが

（　　　　　　　）。

(2) 動物は，活動が①（　　　　　　）なり，見られる数も②（　　　　　　）。

よく成長する　　かれてくる　　活発に　　にぶく　　ふえる　　へる

2 次の文は，秋のヘチマのようすを書いたものです。（　）にあてはまることばを，　　　から選んで書きましょう。同じことばを，くり返し使ってもかまいません。 （1つ10点）

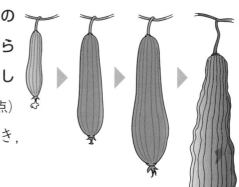

(1) ヘチマは，夏から秋にかけて，花がさき，（　　　　　）をむすぶ。

(2) 気温が低（ひく）くなってくると，くきは①（　　　　　　　　），②（　　　　　）が大きくなる。

(3) 10月の終わりごろになると，実はかれて茶色になる。実の中には，（　　　　　　　）がたくさんできている。

> 花　　実　　葉　　たね　　よくのび　　のびなくなり

3 次の表は，秋の動物のようすをまとめたものです。（　）にあてはまることばを，　　から選んで書きましょう。同じことばを，くり返し使ってもかまいません。

（1つ6点）

オオカマキリ	・①（　　　　　）になり，たまごをうむ。
アゲハ	・よう虫は，②（　　　　　）になる。
ナナホシテントウ	・成虫（せいちゅう）になっているものと，よう虫が③（　　　　　）になっているものがいる。
ヒキガエル	・しだいに動きが④（　　　　）なる。
ツバメ	・夏の終わりになると，子どもは飛び回るようになる。 ・寒くなると，⑤（　　　　）のほうへ飛び立っていく。

> よう虫　　さなぎ　　成虫　　活発に　　にぶく　　北　　南

答え➡別冊解答4ページ

12 秋の植物や動物のようす②

とく点

/100点

1 秋のヘチマやサクラのようすについて，次の問題に答えましょう。

（1つ10点）

(1) 秋のヘチマのようすはどうなっていますか。次の㋐〜㋑から選びましょう。（　　）

　㋐　芽が出て子葉がひらき，葉も何まいか出てきている。

　㋑　くきがよくのび，葉がしげっている。

　㋒　くきがのびなくなり，実が大きくなっている。

　㋓　葉も実も完全にかれて，地面にたねが落ちている。

(2) 秋のサクラのようすはどうなっていますか。次の㋐〜㋑から選びましょう。（　　）

　㋐　花がさき，葉が出てきている。

　㋑　葉は色がこくなり，よくしげっている。

　㋒　葉は色が変わり，しだいに落ちていく。

　㋓　葉はすべて落ちているが，えだ先に新しい芽ができている。

(3) ヘチマやサクラのようすが，(1)や(2)のようになるのはどうしてですか。次の㋐〜㋒から選びましょう。（　　）

　㋐　あたたかくなるから。　　㋑　暑くなるから。

　㋒　すずしくなるから。

2 右の図は，オオカマキリのようすを表したものです。これについて，次の問題に答えましょう。　（1つ10点）

(1) 秋のオオカマキリのようすは，㋐，㋑のどちらですか。　（　　）

(2) ㋐のオオカマキリは，何をしていますか。（　　　　　　　）

㋐

㋑
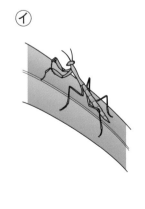

3 夏から秋にかけてのツバメのようすについて，次の問題に答えましょう。

（１つ10点）

(1) 夏の終わりになると，子どもはどのようなようすですか。次の㋐～㋓から選びましょう。　（　　）

㋐ まだたまごからかえっていない。

㋑ たまごからかえり，親ツバメから食べ物をもらっている。

㋒ 親ツバメと同じくらいの大きさになり，巣立(すだ)ちが近づいている。

㋓ 巣立ちして，飛(と)び回っている。

(2) 寒くなってくると，ツバメはどうしますか。次の㋐～㋓から選びましょう。　（　　）

㋐ 夏のころと同じように活動している。

㋑ 巣をつくり始める。

㋒ たまごをうむ。

㋓ 南のほうへ飛び立っていく。

4 秋の植物や動物のようすについて，次の問題に答えましょう。

（１つ10点）

(1) 夏とくらべたとき，植物の成長(せいちょう)のようすはどうなりますか。次の㋐～㋒から選びましょう。　（　　）

㋐ 夏よりも成長する。　㋑ 夏と同じくらい成長する。

㋒ 夏よりも成長しない。

(2) 夏とくらべたとき，動物の活動のようすはどうなりますか。次の㋐～㋒から選びましょう。　（　　）

㋐ 夏よりも活発になる。　㋑ 夏と同じくらい活動する。

㋒ 夏よりもにぶくなる。

(3) 秋になると，植物や動物のようすが(1)や(2)のようになるのは，秋になると気温がどうなるからですか。　（　　　　　　　　）

答え➡別冊解答4ページ

13 冬の植物や動物のようす①

とく点

/100点

おぼえよう

冬になると　気温が低くなり，植物は，かれてしまうものが多い。動物は，あまり見られなくなる。

植物のようす
・ヘチマなどは，寒くなると，葉もくきも根もかれてしまう。残ったたねが春になると芽を出して，成長を始める。
・サクラは，葉が落ちても，えだの先には芽ができていて，あたたかくなると，成長を始める。

ヘチマ

かれた実とたね

サクラ

えだの先の芽

動物のようす

オオカマキリ
らんのうの中の，たまごで冬をこす。成虫は死んでしまう。

らんのう

アゲハ
さなぎで冬をこす。

ナナホシテントウ
成虫がかれ葉の下などで冬をこす。

ヒキガエル
土の中で冬みんする。

ツバメ
南のほうのあたたかいところで，冬をすごす。

わたりのコース
日本
タイ

1 次の文は，冬の植物や動物のようすを書いたものです。（　）にあてはまることばを，　　　　　から選んで書きましょう。

（1つ10点）

(1)　冬になると植物は，（　　　　　　　　　　　　　　　）ものが多い。

(2)　冬になると動物は，（　　　　　　　　　　　　　　　）。

よく成長するようになる　　かれてしまう

多く見られるようになる　　あまり見られなくなる

2 次の文は，冬のヘチマやサクラのようすについて書いたものです。（　）にあてはまることばを，　　から選んで書きましょう。　（1つ10点）

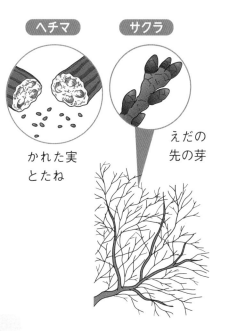

ヘチマ　サクラ

かれた実とたね

えだの先の芽

(1) ヘチマは，寒くなると，葉もくきも①（　　　　）しまう。残った②（　　　　）が，春になると芽を出して，成長を始める。

(2) サクラは，葉が落ちても，えだの先には（　　　　）ができていて，あたたかくなると，成長を始める。

> 葉　芽　花　たね　成長して　かれて

3 次の表は，冬の動物のようすをまとめたものです。（　）にあてはまることばを，　　から選んで書きましょう。　（1つ10点）

オオカマキリ	・らんのうの中の，①（　　　　　）で冬をこす。
アゲハ	・②（　　　　　）などで冬をこす。
ナナホシテントウ	・成虫が③（　　　　　）などで冬をこす。
ヒキガエル	・土の中で④（　　　　　）する。
ツバメ	・南のほうの⑤（　　　　　）ところで冬をすごす。

> 土の中　かれ葉の下　さなぎ　成虫　冬みん
> あたたかい　すずしい　よう虫　たまご

答え➡別冊解答4ページ

14 冬の植物や動物のようす②

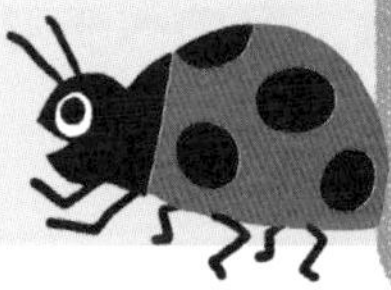

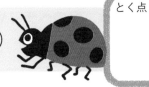

とく点　　/100点

1

右の図は，冬のヘチマのようすを表したものです。これについて，次の問題に答えましょう。（１つ５点）

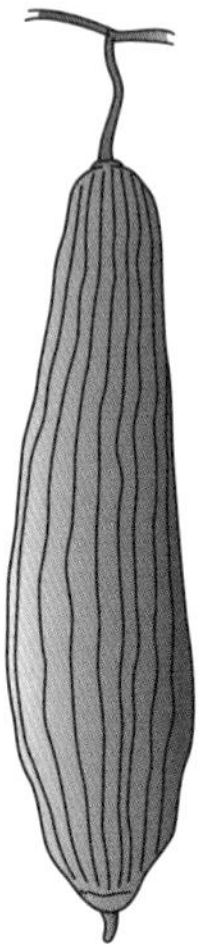

(1)　冬になると，ヘチマのくきや葉，根はどうなりますか。次の㋐，㋑から選(えら)びましょう。（　　）

㋐　よく成長(せいちょう)する。

㋑　かれる。

(2)　ヘチマが(1)のようになった後，残(のこ)るのは何ですか。次の㋐～㋓から選びましょう。（　　）

㋐　花　　㋑　芽(め)

㋒　葉　　㋓　たね

2

右の図は，冬のサクラのようすを表したものです。これについて，次の問題に答えましょう。（１つ10点）

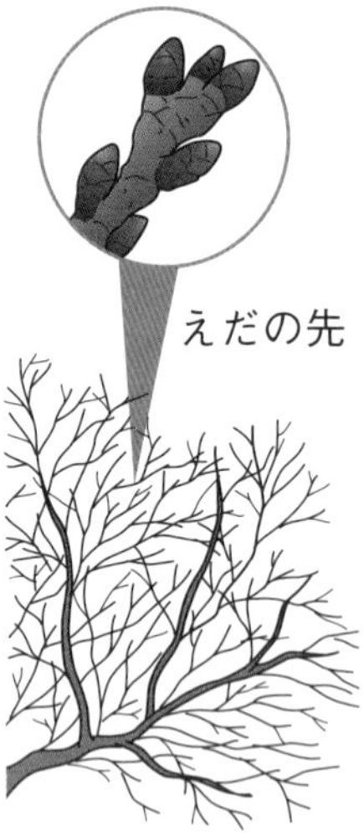

(1)　冬になると，サクラの葉はどうなりますか。次の㋐～㋒から選びましょう。（　　）

㋐　大きくなる。

㋑　数がふえる。

㋒　落ちてしまう。

(2)　冬のサクラのえだの先はどうなっていますか。次の㋐～㋒から選びましょう。（　　）

㋐　何もなくなっている。

㋑　葉がついている。

㋒　芽ができている。

(3)　冬になると，サクラのえだはかれていますか，かれていませんか。

（　　　　　　　）

3 冬の植物や動物のようすについて，次の問題に答えましょう。

（1つ10点）

(1) 次の①～③の動物は，どのようなすがたで冬をこしますか。それぞれ下の㋐～㋓から選びましょう。

① オオカマキリ（　　）

② アゲハ（　　）

③ ナナホシテントウ（　　）

㋐ たまごで冬をこす。

㋑ よう虫で冬をこす。

㋒ さなぎで冬をこす。

㋓ 成虫（せいちゅう）で冬をこす。

(2) ヒキガエルやツバメは，どのようにして冬をこしますか。それぞれ次の㋐～㋓から選びましょう。

① ヒキガエル

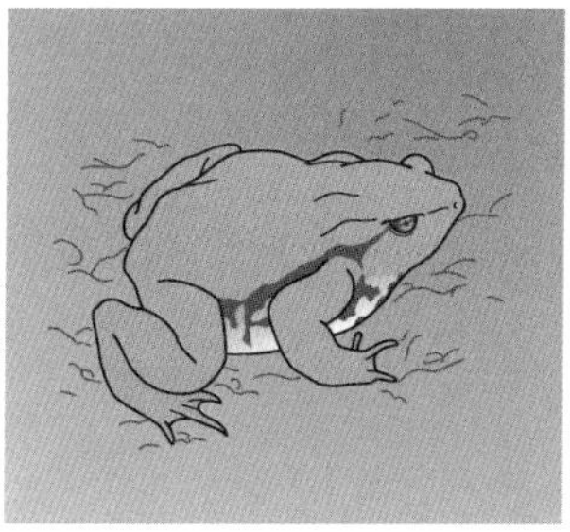

（　　）

② ツバメ

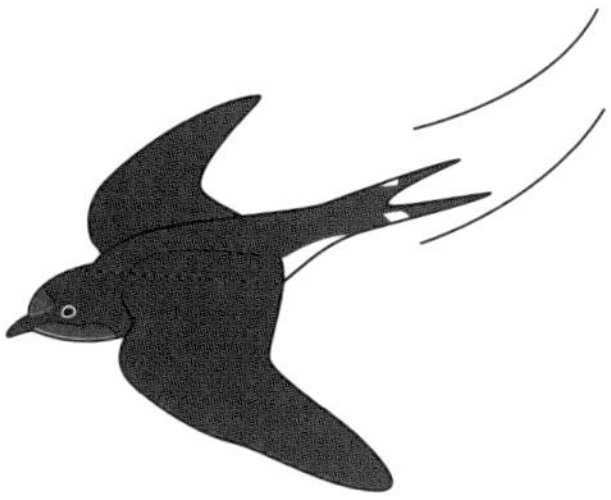

（　　）

㋐ 南のほうのあたたかいところへ行く。

㋑ 北のほうのすずしいところへ行く。

㋒ 春や夏のころと，同じようにしてすごす。

㋓ 土の中で冬（とう）みんする。

(3) 冬の植物や動物について正しいものを，次の㋐～㋓から選びましょう。

（　　）

㋐ 植物はすべてかれ，動物はすべて死んでしまう。

㋑ 植物はすべてかれるが，動物は死なないものもいる。

㋒ 植物はかれないものもあるが，動物はすべて死んでしまう。

㋓ 植物はかれないものもあり，動物は死なないものもいる。

答え➡別冊解答4ページ

15

1年の植物や動物のようす①

とく点

/100点

生き物の一年間のようす

植物や動物のようすは，気温によって，変わっていく。

記録カードの書き方

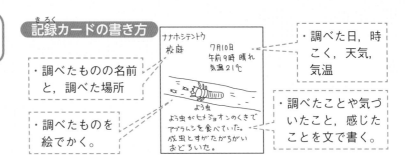

・調べたものの名前と，調べた場所

・調べたものを絵でかく。

・調べた日，時こく，天気，気温

・調べたことや気づいたこと，感じたことを文で書く。

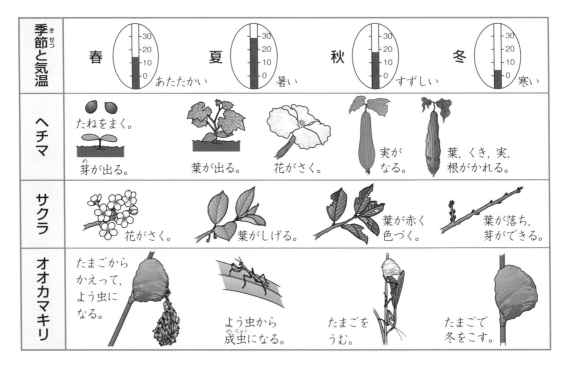

季節と気温	春 あたたかい	夏 暑い	秋 すずしい	冬 寒い
ヘチマ	たねをまく。／芽が出る。	葉が出る。	花がさく。	実がなる。／葉，くき，実，根がかれる。
サクラ	花がさく。	葉がしげる。	葉が赤く色づく。	葉が落ち，芽ができる。
オオカマキリ	たまごからかえって，よう虫になる。	よう虫から成虫になる。	たまごをうむ。	たまごで冬をこす。

1 記録カードの書き方について，右の図の（　）にあてはまることばを，　　　から選んで書きましょう。 （1つ8点）

気温　　絵　　場所
感じた

調べたものの名前と調べた
①（　　　）。

調べた日，時こく，天気，
②（　　　）。

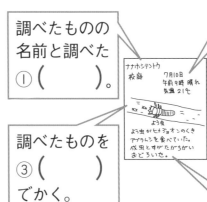

調べたものを
③（　　　）でかく。

調べたことや，気づいたこと，
④（　　　）ことを文で書く。

2 右の図は，ヘチマの1年間のいろいろなようすを表したものです。㋐をはじめにして，季節に合わせて育つ順に㋑〜㋕を書きましょう。　（全部できて20点）

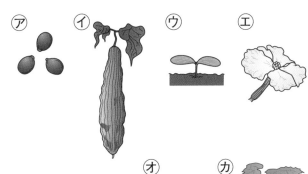

	春	夏	秋	冬
㋐→	→	→	→	→

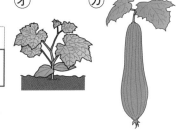

3 右の図は，サクラの1年間のいろいろなようすを表したものです。㋐をはじめにして，季節の順に㋑〜㋓を書きましょう。

（全部できて20点）

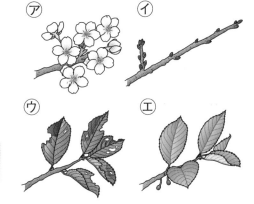

春	夏	秋	冬
㋐	→	→	→

4 右の図は，オオカマキリの1年間のいろいろなようすを表したものです。㋐をはじめにして，季節の順に㋑〜㋓を書きましょう。

（全部できて20点）

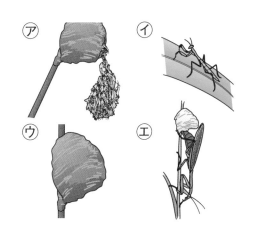

春	夏	秋	冬
㋐	→	→	→

5 生き物の1年間のようすについて，次の文の（　）にあてはまることばを，　　から選んで書きましょう。　（8点）

[
　植物や動物の1年間のようすは，
（　　　　　　　　　　）によって変わっていく。
]

気温
雨のふる回数

答え➡別冊解答5ページ

16　１年の植物や動物のようす②

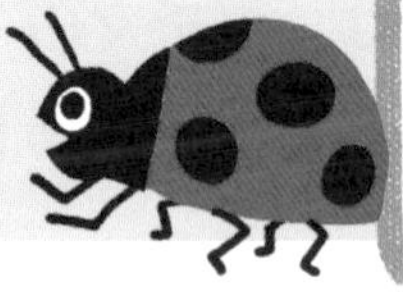

とく点

/100点

1　下の図は，季節ごとの植物や動物のようすを表したものです。それぞれ，春，夏，秋，冬のうちの，いつのようすか，書きましょう。（１つ６点）

① 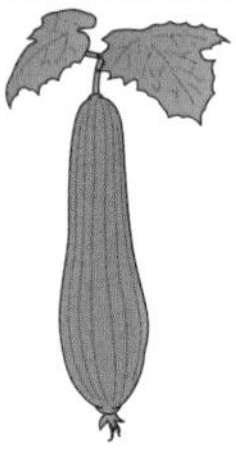 (　　　)	② 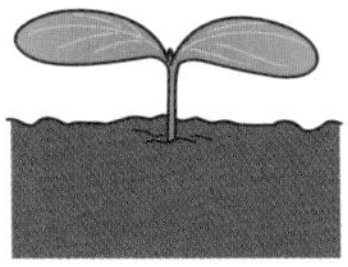 (　　　)	③ 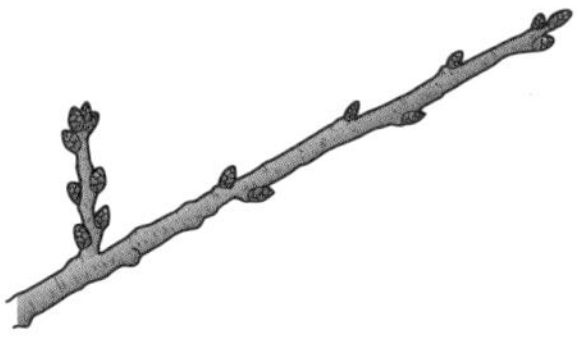 (　　　)
④ 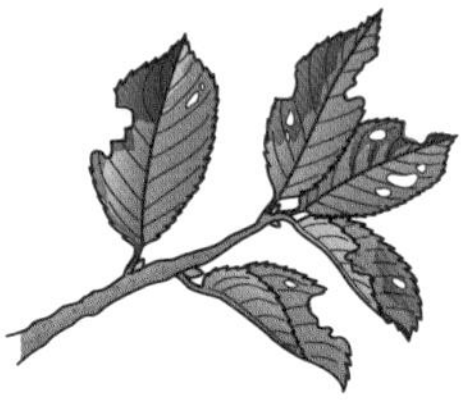 (　　　)	⑤ 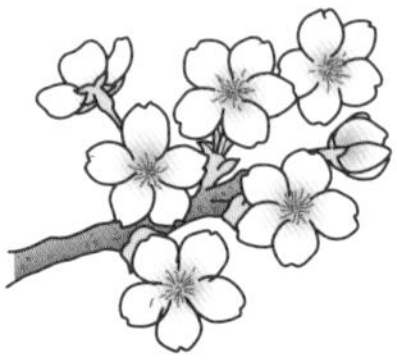 (　　　)	⑥ 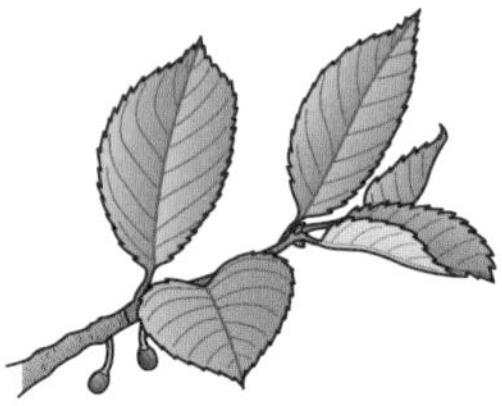 (　　　)
⑦ 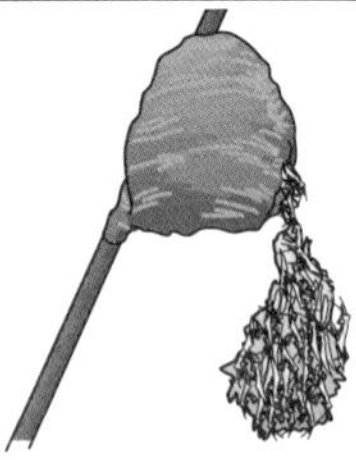 (　　　)	⑧ 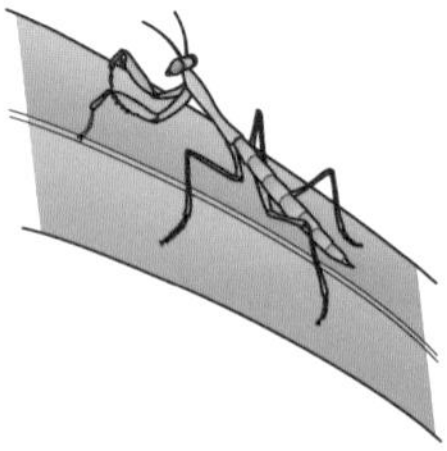 (　　　)	⑨ 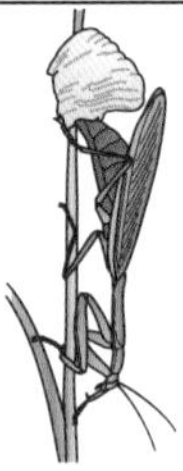 (　　　)

2　季節ごとの植物や動物を観察したときの記録カードの書き方として正しいものを，次の㋐～㋓から選びましょう。（６点）

(　　　)

㋐　調べたことは，全部文だけで書かなければならない。

㋑　調べた日や時こくは書かなければならないが，天気や気温は書かなくてよい。

㋒　調べたことや気づいたことのほかに，感じたことも書くとよい。

㋓　調べたものを絵でかくときは，本物と同じ大きさでかかなければならない。

3 下の図は，サクラとオオカマキリの１年のようすを記録した，記録カードです。これについて，次の問題に答えましょう。 （1つ8点）

サクラ

サクラ　校庭　あ
午前10時晴れ
気温28℃

葉がこい緑色になり，よくしげっていた。

サクラ　校庭　い
午前11時雨
気温12℃

葉は色が変わり，落ち始めていた。

サクラ　校庭　う
午前10時くもり
気温7℃

葉はかれ落ちていたが，よく見ると，芽ができていた。

サクラ　校庭　え
午前11時晴れ
気温15℃

花がさいてきれいだった。葉は出ていなかった。

オオカマキリ

オオカマキリ　校庭　4月21日
午前11時晴れ
気温14℃

たまごからよう虫が出てきた。たくさんいてびっくりした。

オオカマキリ　校庭　7月4日
午前10時晴れ
気温①

よう虫が大きくなって虫をつかまえていた。

オオカマキリ　校庭　10月5日
午前11時くもり
気温②

成虫がたまごをうんでいた。

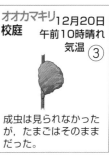

オオカマキリ　校庭　12月20日
午前10時晴れ
気温③

成虫は見られなかったが，たまごはそのままだった。

(1) サクラの記録カードを，春から始めて季節の順にならべ，あ〜えを書きましょう。 　　（　　　→　　　→　　　→　　　）

(2) オオカマキリの記録カードの①〜③にあてはまる気温を，それぞれ次のア〜ウから選びましょう。 　①（　　　）②（　　　）③（　　　）

　ア　7℃　　　　　イ　16℃　　　　ウ　29℃

(3) 気温と植物や動物のようすについて正しいものを，次のア〜エから選びましょう。 　　　　　　　　　　　　　　　　　　　　　　　　　　　（　　　）

　ア　植物のようすの変化は季節による気温の変化と関係しているが，動物のようすの変化は気温の変化とは関係していない。

　イ　植物のようすの変化は季節による気温の変化と関係していないが，動物のようすの変化は気温の変化と関係している。

　ウ　植物のようすの変化も，動物のようすの変化も，季節による気温の変化と関係している。

　エ　植物のようすの変化も，動物のようすの変化も，季節による気温の変化と関係していない。

答え➡別冊解答5ページ

17 単元のまとめ

とく点

/100点

1 下の図は，春から秋までの，サクラのようすを表したものです。これについて，次の問題に答えましょう。（１つ10点）

[あ]

[い]

[う]

(1) 春→夏→秋の順に，[あ]～[う]をならべましょう。

（　　→　　→　　）

(2) 図のように，季節によってサクラのようすが変わるのはどうしてですか。次の㋐～㋒から選びましょう。（　　）

㋐ 季節によって，サクラのまわりに見られる動物が変わるから。

㋑ 季節によって，気温が変わるから。

㋒ 季節によって，風の強さが変わるから。

(3) 右の図は，冬になったときのサクラのようすです。

① 冬のサクラのえだの先はどうなっていますか。次の㋐～㋒から選びましょう。（　　）

㋐ かれて何もついていない。

㋑ 芽ができている。

㋒ 実がついている。

② この後，サクラはどうなりますか。次の㋐～㋒から選びましょう。（　　）

㋐ たねも残さずに，このままかれてしまう。

㋑ このままかれてしまうが，たねは残る。

㋒ このまま冬をこし，あたたかくなると花がさく。

2 下の図は，春から秋までの，オオカマキリのようすを表したものです。これについて，次の問題に答えましょう。

（1つ10点）

あ 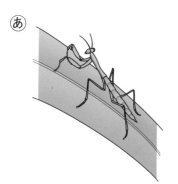　い 　う

(1) 春→夏→秋の順に，あ～うをならべましょう。

（　　　→　　　→　　　）

(2) オオカマキリは，どのようなすがたで冬をこしますか。

（　　　　　　　　　　）

(3) ツバメやヒキガエルのようすが次の①，②のとき，オオカマキリはどのようなようすですか。図のあ～うから選びましょう。

① ツバメのひなが巣立ちをする。　　　　　　　（　　　）

② ヒキガエルの動きが，しだいににぶくなる。　（　　　）

3 右の図は，ヘチマのようすを観察したときの記録カードです。これについて，次の問題に答えましょう。

（1つ10点）

(1) 右の記録カードには月日が書いてありません。この観察をした月日としてあてはまるものを，次のア～エから選びましょう。　　　（　　　）

ア 4月20日　　　イ 6月20日

ウ 8月20日　　　エ 10月20日

ヘチマ　　　月　日
午前10時
晴れ

実はかれて，茶色に
なっていた。

(2) 図のほかに，記録カードに書いたほうがよいものは何ですか。次のア～ウから選びましょう。

（　　　）

ア 何人で観察したか　　イ 観察したときの気温

ウ 観察したときの服そう

わたり鳥を知ろう

わたり鳥の種類

ツバメのほかにも，季節によって日本に来たり，飛び立っていったりする鳥がいます。このような鳥をわたり鳥といいます。

● 夏鳥

ツバメのように，あたたかくなるとやって来て，日本で夏をすごすわたり鳥を，日本では夏鳥とよんでいます。ツバメのほかに，コチドリ，コアジサシ，ホトトギスなどがいます。夏鳥は日本で子どもを育てます。

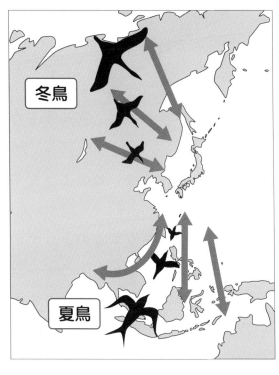

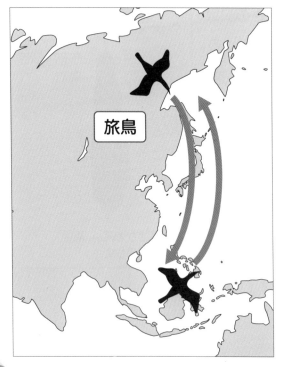

● 冬鳥

秋から冬にかけて北のほうからやって来て，日本で冬をすごすわたり鳥を，日本では冬鳥とよんでいます。マガモ，オナガガモ，オオハクチョウなどがいます。

● 旅鳥

夏は北のほうで子どもを育て，冬は南のほうですごすわたり鳥です。旅のと中で日本により，えさをとったり，休んだりします。キアシシギ，アオアシシギなどがいます。

この単元では，それぞれの季節の植物や動物のようすについて学習しました。ここでは，わたり鳥について調べてみましょう。

わたり鳥を調べる

わたり鳥がどのように旅をしているのかということは，なかなかわかりませんでした。大空を飛ぶ小さな鳥を追いかけていくことはできないからです。また，はなれたところで同じ種類の鳥が見つかったとしても，それがどこから来たものなのかをたしかめることができなかったからです。

そこで，鳥のあしに小さな金ぞくの輪をつけてはなすことにしました。輪にはJAPAN（日本，国の名前）と，番号がほってあります。このあし輪をつけた鳥を見つけた人たちから連らくをしてもらい，いつ，どこではなした鳥が，どこまで飛んでいったかを知ることができるようになったのです。

最近では，あし輪のほかに，色のついた小さなふだもつけて，鳥をつかまえずにはなれたところからそうがん鏡などで見るだけでも，その鳥がどこから来たのかわかるように，くふうされています。

また，鳥に小さな発信機をとりつけ，そこから出る電波を人工えい星で受け，鳥のいる場所を知ることもできるようになっています。

自由研究のヒント

身近にどのようなわたり鳥がいるか，観察してみましょう。また，その鳥がどこから来て，どこへ行くのか，図かんなどで調べてみましょう。

▲冬に日本に来るマガモ

答え➡別冊解答5ページ

とく点

/100点

18 電気の流れ①

回路と電流

・かん電池の＋極と，豆電球，かん電池の一極を，どう線でつなげると，電気の通り道が1つの輪になり，電気が流れて豆電球がつく。

・電気の通り道を回路といい，電気の流れを電流という。

回路

電気の通り道

電流の向き

かん電池の＋極から出て，豆電球を通り，かん電池の一極へ流れる。

＋極　　　　　一極

かん電池

かん電池の向きと電流の向き

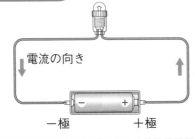

電流の向き

一極　　　＋極

かん電池の向きが反対になると，回路を流れる電流の向きも反対になる。

1 次の文は，回路と電流について書いたものです。（　）にあてはまることばを，　　から選んで書きましょう。 　（1つ10点）

(1) かん電池の＋極と豆電球，かん電池の一極をどう線でつなげると，電気の通り道が1つの輪になり，電気が（　　　　　）豆電球がつく。

(2) 電気の通り道のことを（　　　　）という。

(3) 電気の流れを（　　　）という。

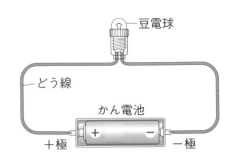

豆電球

どう線

かん電池

＋極　　　　　一極

| 道路 | 電流 | 回路 |
| 流れて | とまって | |

2 次の文は，電気の流れについて書いたものです。正しいものには○を，まちがっているものには×を書きましょう。 （1つ10点）

(1) （　　　） 電気は，かん電池の＋極と－極から出て，豆電球のところでぶつかる。

(2) （　　　） 電気は，かん電池の＋極から出て，豆電球を通り，かん電池の－極へ流れる。

3 右の図は，かん電池の向きと，電流の向きを表したものです。（　）にあてはまることばを，　から選んで書きましょう。 （1つ10点）

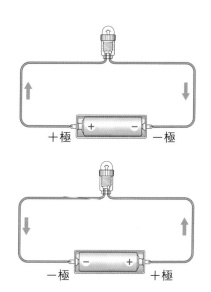

(1) 電流は，かん電池の①（　　　）極から出て，豆電球を通り，かん電池の②（　　　）極へ流れる。

(2) かん電池の向きが反対になると，回路を流れる電流の向きは（　　　　　）。

　　＋　　－　　変わらない　　反対になる

4 右の図は，かん電池と豆電球をつなぎ，豆電球に明かりをつけたようすを表したものです。電流の向きを ☐ に ─► か ◄─ をかいて表しましょう。 （1つ10点）

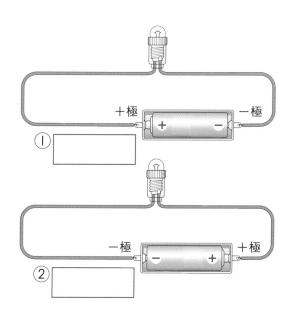

①

②

答え➡別冊解答5ページ

19 電気の流れ②

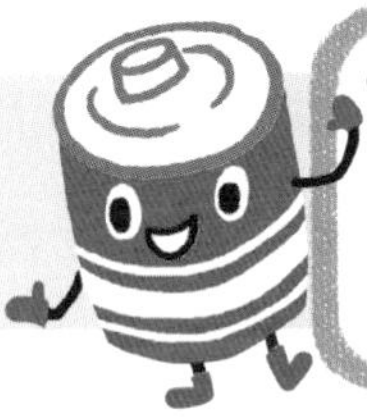

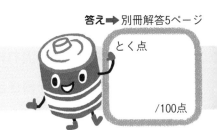

とく点

/100点

1 **右の図は，かん電池と豆電球をどう線でつなぎ，豆電球に明かりをつけたようすを表したものです。これについて，次の問題に答えましょう。** （1つ5点）

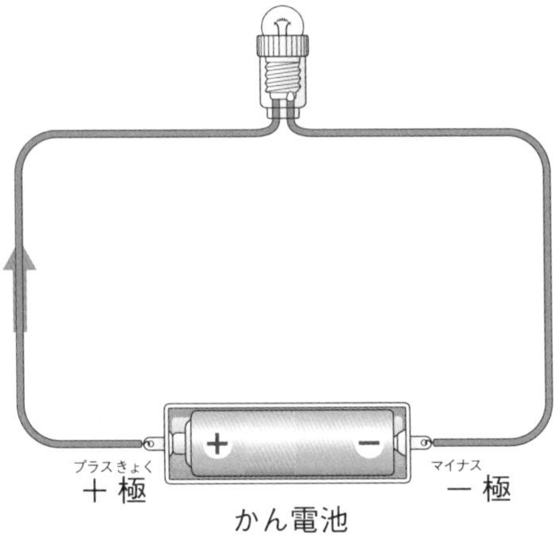

(1) 電気の通り道のことを何といいますか。 (　　　　　　)

(2) 電気の流れのことを何といいますか。 (　　　　　　)

(3) 図の ➡ は，何の向きを表していますか。 (　　　　　　)

(4) 図のかん電池の向きを反対にすると，(3)の向きはどうなりますか。次の㋐，㋑から選(えら)びましょう。 (　　)

㋐ 変(か)わらない。

㋑ 反対になる。

2 **下の①，②の図のようにかん電池と豆電球をつなぐと，電流の向きはどうなりますか。それぞれ㋐，㋑から選びましょう。** （1つ10点）

①

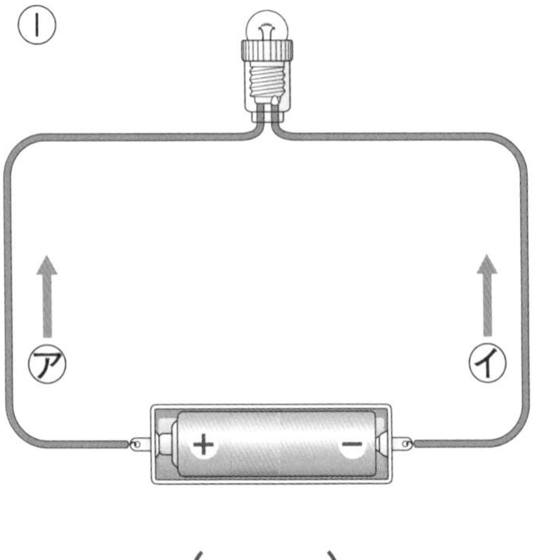

(　　)

②

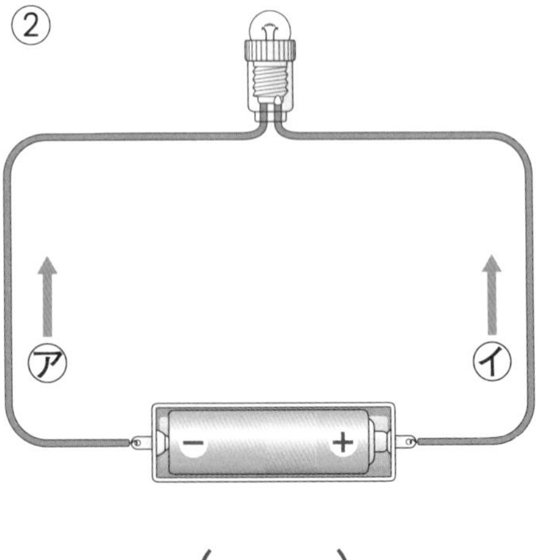

(　　)

3 下の①，②の図は，かん電池と豆電球をつないで，豆電球に明かりをつけたときの回路で，かん電池の部分は〔_____〕と表しています。また， ⮕ は，電流の向きを表しています。かん電池の＋極は，㋐，㋑のどちら側ですか。それぞれ選びましょう。

(1つ10点)

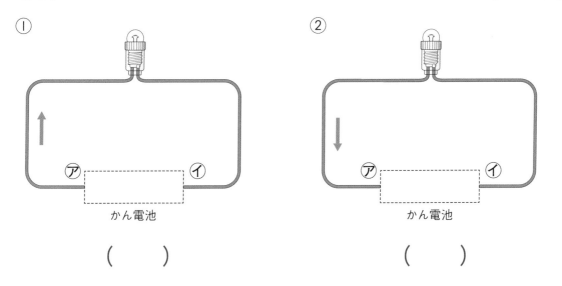

① (　　　)　　　② (　　　)

4 下の図のように，4つの回路をつくりました。それぞれ豆電球に明かりはつきますか。（　）に，明かりがつくものには○を書き，明かりがつかないものには，そのわけを次の㋐〜㋒から選びましょう。

(1つ10点)

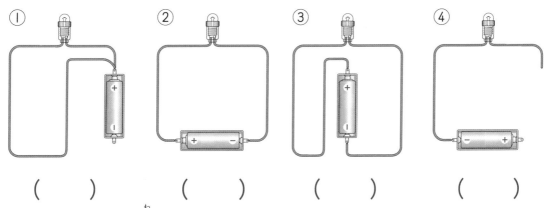

① (　　　)　② (　　　)　③ (　　　)　④ (　　　)

㋐　回路が1つの輪になっていないから。

㋑　かん電池の＋極から出た電流と，－極から出た電流が，豆電球のところでぶつかっているから。

㋒　豆電球からのどう線が，かん電池の＋極にしかつながっていないから。

20 電流の向きとモーター・けん流計①

とく点

/100点

電流の向きとモーターの回る向き

電流の向きが反対になると，モーターの回る向きは反対になる。

電流の向きとけん流計のはりのふれる向き

電流の向きが反対になると，けん流計のはりのふれる向きは反対になる。

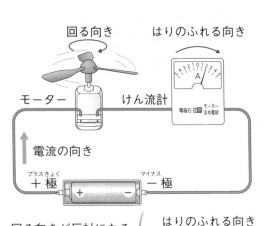

回る向き　　　はりのふれる向き

モーター　　　けん流計

電流の向き

＋極（プラスきょく）　　　−極（マイナス）

回る向きが反対になる。　はりのふれる向きが反対になる。

電流の向き

−極　　　＋極

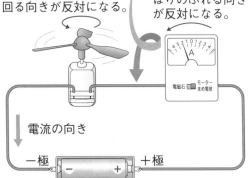

けん流計

回路を流れる電流の向きと大きさ（強さ）を調べることができる。

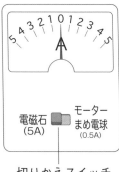

電磁石（5A）　モーター・まめ電球（0.5A）

切りかえスイッチ

けん流計の使い方

①切りかえスイッチを「電磁石（5A）」側に入れる。

②かん電池，豆電球，けん流計がひと続きになるように，けん流計をつなぐ。

③電気を流し，けん流計のはりがふれる向きとしめす目もりを読む。電流が大きいほど，はりは大きくふれる。

④はりのふれが小さいときは，切りかえスイッチを「モーター・まめ電球（0.5A）」側に入れる。

※けん流計にかん電池だけをつないではいけない。

1 けん流計を使って，回路を流れる電流を調べます。次の文の（　）にあてはまることばを，　　　から選んで書きましょう。　　　　　　　　　　（1つ20点）

(1) けん流計を使うと，回路を流れる電流の（　　　　　）と大きさを調べることができる。

(2) けん流計のはりは，電流が大きいほど（　　　　　）ふれる。

　　長さ　　向き　　大きく　　小さく

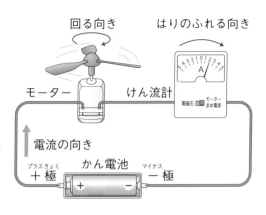

2 右の図は，電流の向きと，モーターの回る向きや，けん流計のはりのふれる向きを表したものです。（　）にあてはまることばを，　　　　から選んで書きましょう。同じことばを，くり返し使ってもかまいません。

（1つ20点）

(1)　電流の向きが反対になると，モーターの回る向きは，

（　　　　　　　　　　　）。

(2)　電流の向きが反対になると，けん流計のはりのふれる向きは，

（　　　　　　　　　　）。

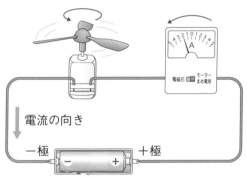

変わらない　　　反対になる

---

3 図1のように，かん電池とモーター，けん流計をつなぐと，けん流計のはりは➴の向きにふれました。図2のようにつなぐと，けん流計のはりのふれる向きはどうなりますか。□□□に→か←をかきましょう。

（20点）

図1

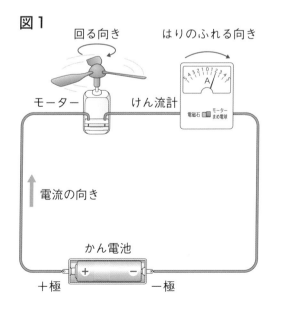

図2

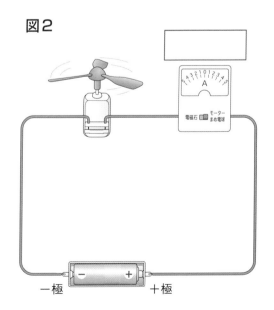

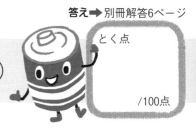

答え➡別冊解答6ページ

21 電流の向きとモーター・けん流計②

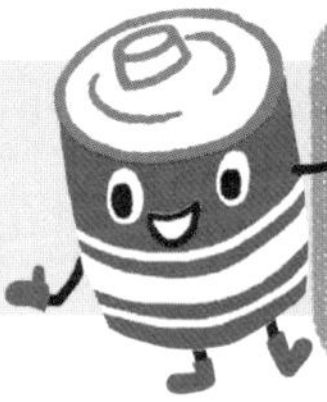

とく点

/100点

1 右の図のように，かん電池とモーター，けん流計をつないで，回路をつくりました。これについて，次の問題に答えましょう。

（１つ８点）

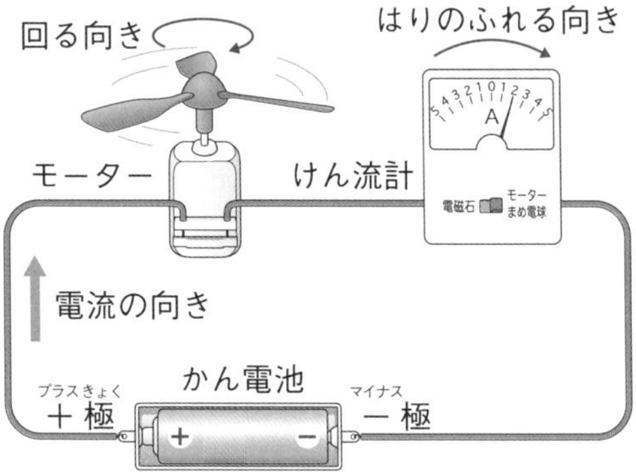

(1) かん電池の向きを反対にすると，モーターの回る向きはどうなりますか。

（　　　　　　）

(2) かん電池の向きを反対にすると，けん流計のはりのふれる向きはどうなりますか。（　　　　　　）

(3) (1)や(2)のようになるのは，かん電池の向きを反対にすると，電流の向きがどうなるからですか。（　　　　　　）

2 図１のように，かん電池とモーター，けん流計をつないで回路をつくると，モーターの回る向きや，けん流計のはりのふれる向きは ⟶ のようになりました。次に，かん電池の向きを，図２のようにしました。これについて，次の問題に答えましょう。（１つ10点）

図１

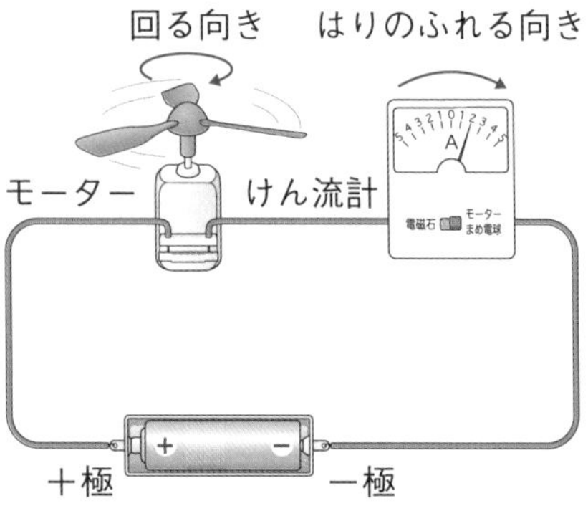

図２

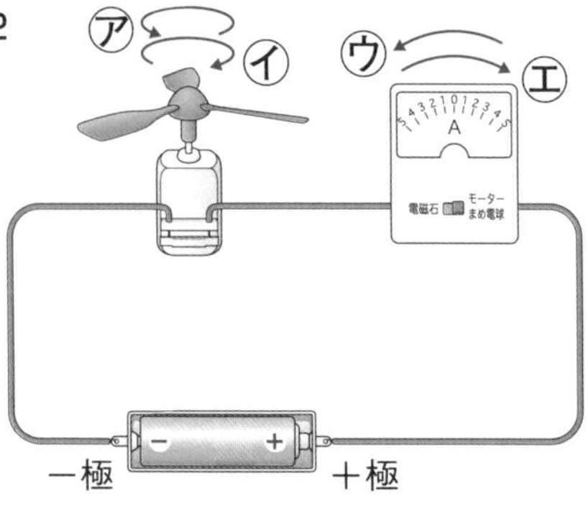

(1) 図２で，モーターの回る向きはどうなりますか。図の㋐，㋑から選(えら)びましょう。

（　　）

(2) 図２で，けん流計のはりのふれる向きはどうなりますか。図の㋒，㋓から選びましょう。（　　）

3 かん電池とモーター，けん流計をつないで，回路をつくりました。これについて，次の問題に答えましょう。

（1つ7点）

(1) けん流計を使って調べることができるのは何ですか。2つ書きましょう。

（　　　　　　）（　　　　　　）

(2) 回路を流れる電流が大きくなると，けん流計のはりのふれ方はどうなりますか。次の㋐～㋓から選びましょう。（　　）

㋐ ふれ方が大きくなる。

㋑ ふれ方が小さくなる。

㋒ ふれる向きが反対になる。

㋓ ふれ方は変わらない。

(3) モーターの回る向きを反対にするためには，電流の流れ方をどうすればよいですか。次の㋐～㋓から選びましょう。（　　）

㋐ 向きを反対にする。

㋑ 大きさを大きくする。

㋒ 大きさを小さくする。

㋓ 電流の流れ方を変えても，モーターの回る向きは変わらない。

(4) 電流の流れ方を，(3)のようにするためにはどうすればよいですか。次の㋐～㋓から選びましょう。（　　）

㋐ 回路をと中で切る。

㋑ けん流計を回路からはずす。

㋒ かん電池の向きを反対にする。

㋓ かん電池を別のものに変え，同じ向きにつなぐ。

(5) けん流計のつなぎ方で，正しいものには○を，まちがっているものには×を書きましょう。

①

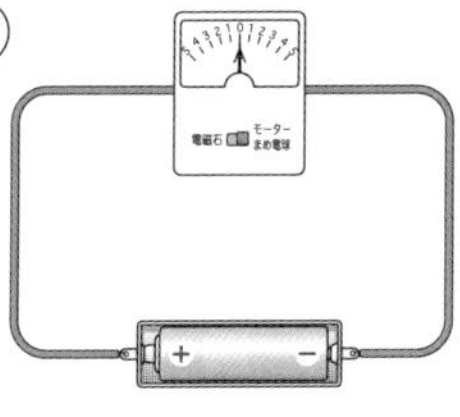

（　　）

②

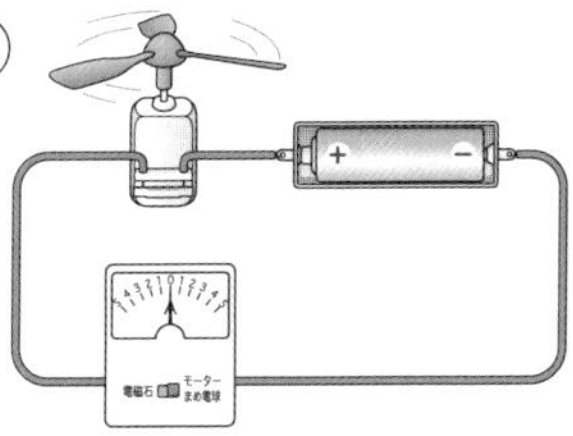

（　　）

③

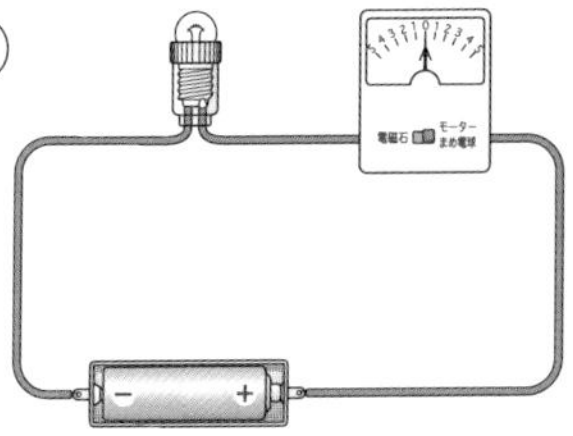

（　　）

答え➡別冊解答6ページ

22 直列つなぎとへい列つなぎ①

とく点

/100点

かん電池の直列つなぎ

１このかん電池の＋極と，もう１このかん電池の－極がつながっていて，回路が１つの輪になっているつなぎ方を直列つなぎという。

かん電池のへい列つなぎ

２このかん電池の＋極どうし，－極どうしがつながっていて，回路がと中で分かれているつなぎ方をへい列つなぎという。

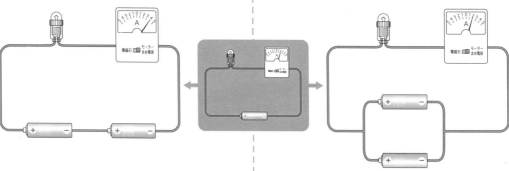

かん電池１このときとくらべて
・電流の大きさ…大きくなる。
・豆電球の明るさ…明るくなる。
・けん流計のはりのふれ…大きくなる。

かん電池１このときとくらべて
・電流の大きさ…同じ。
・豆電球の明るさ…同じ。
・けん流計のはりのふれ…同じ。

モーターの回る速さと電流

電流が大きくなると，モーターの回る速さは速くなる。

1 右の図のようなかん電池のつなぎ方を，それぞれ何といいますか。□□□にあてはまることばを，　　から選んで書きましょう。

（１つ15点）

へい列　　直列

① □□□□ つなぎ

② □□□□ つなぎ

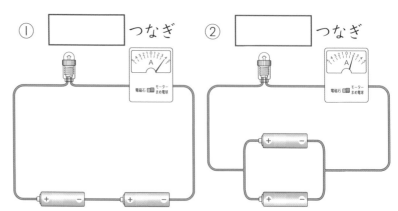

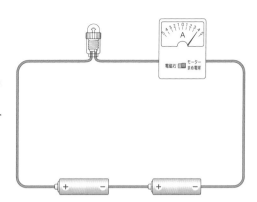

2 次の文の（ ）にあてはまることばを，
　　　 から選んで書きましょう。（1つ10点）

(1) 1このかん電池の＋極_{プラスきょく}と，もう1この
　　かん電池の－極_{マイナス}がつながっていて，回路
　　が1つの輪になっているつなぎ方を，
　　（　　　　　）つなぎという。

(2) かん電池を直列つなぎにすると，かん
　　電池1このときとくらべて，電流の大き
　　さは（　　　　　）。

　　　直列　　へい列　　大きくなる　　小さくなる　　同じになる

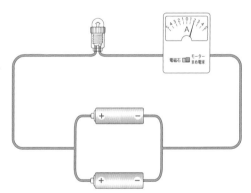

3 次の文の（ ）にあてはまることばを，
　　　 から選んで書きましょう。（1つ10点）

(1) 2このかん電池の＋極どうし，－極ど
　　うしがつながっていて，回路がと中で分
　　かれているつなぎ方を，（　　　　　）つ
　　なぎという。

(2) かん電池をへい列つなぎにすると，か
　　ん電池1このときとくらべて，電流の大
　　きさは（　　　　　）。

　　　直列　　へい列　　大きくなる　　小さくなる　　同じになる

4 電流が大きくなったときのようすについて，次の文の（ ）にあてはまることばを，
　　　 から選んで書きましょう。　　（1つ10点）

(1) モーターの回る速さは（　　　　　）なる。

(2) 豆電球の明るさは（　　　　　）なる。

(3) けん流計のはりのふれは（　　　　　）なる。

速く	おそく
明るく	暗く
大きく	小さく

答え➡別冊解答6ページ

23 直列つなぎとへい列つなぎ②

とく点

/100点

1 下の図は，2このかん電池をつなぐときのつなぎ方を表したものです。これについて，次の問題に答えましょう。 （1つ6点）

図1

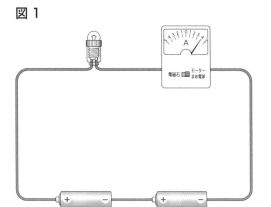

図2

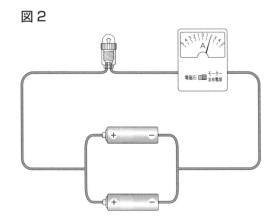

(1) 図1のようなかん電池のつなぎ方を何といいますか。

（　　　　　　　　　）

(2) 図1のようにかん電池をつなぐと，流れる電流の大きさは，かん電池1このときとくらべてどうなりますか。　　　　（　　　　　　　　　）

(3) 図2のようなかん電池のつなぎ方を何といいますか。

（　　　　　　　　　）

(4) 図2のようにかん電池をつなぐと，流れる電流の大きさは，かん電池1このときとくらべてどうなりますか。　　　　（　　　　　　　　　）

2 次の文は，かん電池のつなぎ方と，電流の大きさについて書いたものです。（　）にあてはまることばを書きましょう。 （1つ10点）

(1) 2このかん電池を（　　　　　　）つなぎにすると，回路を流れる電流の大きさは，かん電池1このときよりも大きくなる。

(2) 2このかん電池を（　　　　　　）つなぎにすると，回路を流れる電流の大きさは，かん電池1このときと同じになる。

3 右の図のように，かん電池と豆電球をつないで，回路をつくりました。これについて，次の問題に答えましょう。

（1つ12点）

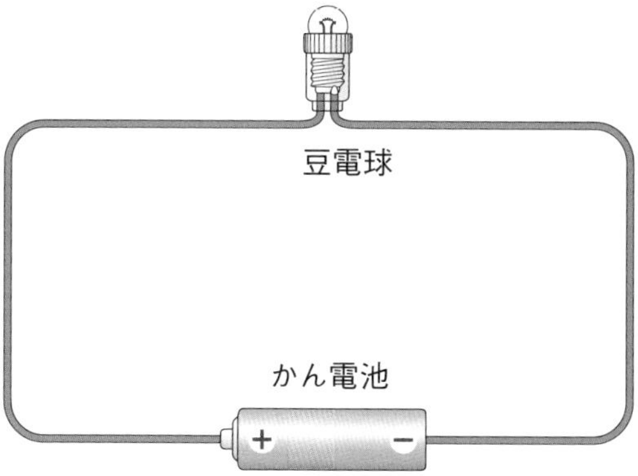

(1) 右の図のときよりも豆電球の明るさを明るくするためには，もう1このかん電池を，どのようにつなげればよいですか。次の㋐～㋒から選(えら)びましょう。（　　）

㋐

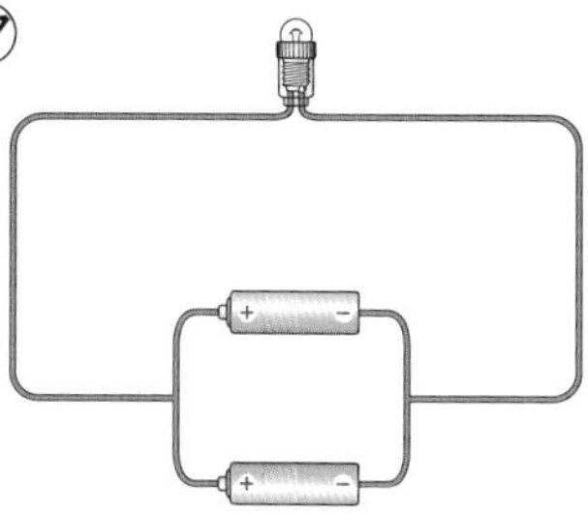

㋑

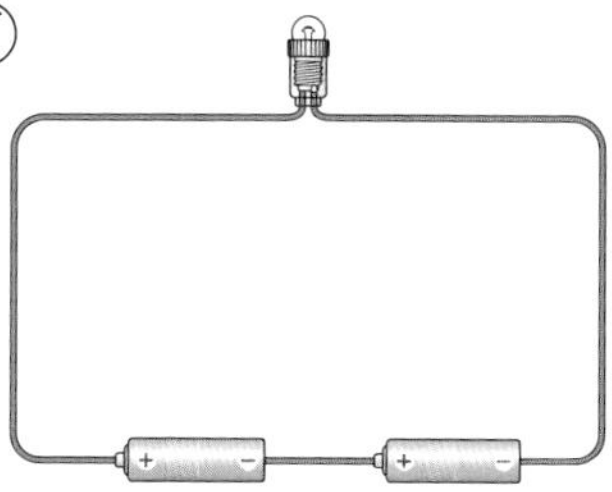

㋒

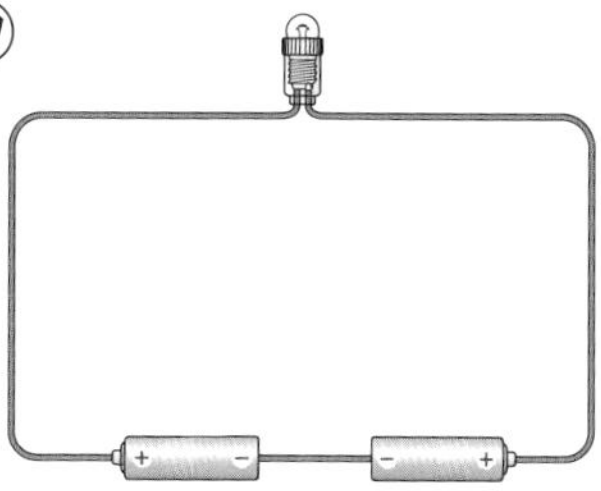

(2) (1)で選んだかん電池のつなぎ方を何といいますか。

（　　　　　　）

(3) (1)のようにかん電池をつなぐと，かん電池1このときにくらべて豆電球が明るくなるのは，回路を流れる電流の大きさがどうなるからですか。

（　　　　　　）

4 右の図のように，かん電池とモーター，けん流計をつないで，回路をつくりました。ここに，もう1このかん電池を，あるつなぎ方でつなぎましたが，けん流計のはりのふれ方は変(か)わりませんでした。これについて，次の問題に答えましょう。

（1つ10点）

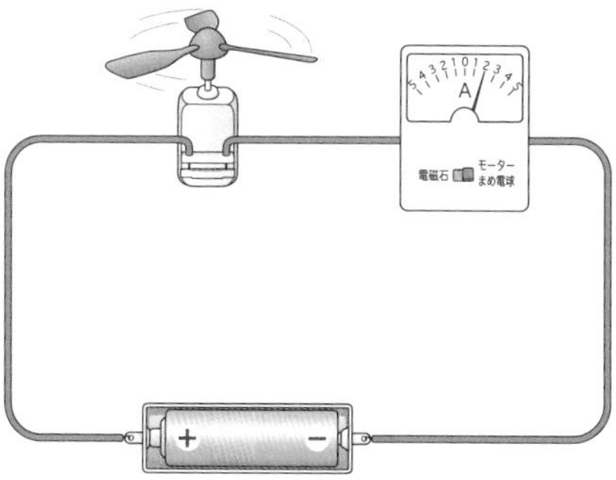

(1) このときのかん電池のつなぎ方は，何つなぎでしたか。

（　　　　　　）

(2) このとき，モーターの回る速さはどうなりましたか。

（　　　　　　）

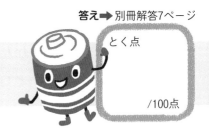

答え➡別冊解答7ページ

24 単元(たんげん)のまとめ

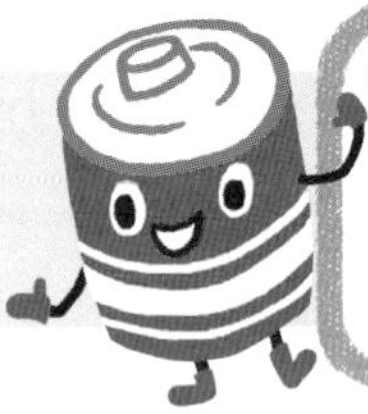

とく点

/100点

1 **回路につないだかん電池の向きと，けん流計のはりのふれ方について調べました。これについて，次の問題に答えましょう。**　（１つ９点，(1)は両方できて９点）

(1)　けん流計は，電流の何を調べることができますか。２つ書きましょう。

（　　　　　　　）（　　　　　　　）

(2)　かん電池やけん流計のつなぎ方として正しいものを，次の㋐〜㋒から選(えら)びましょう。　（　　　）

㋐

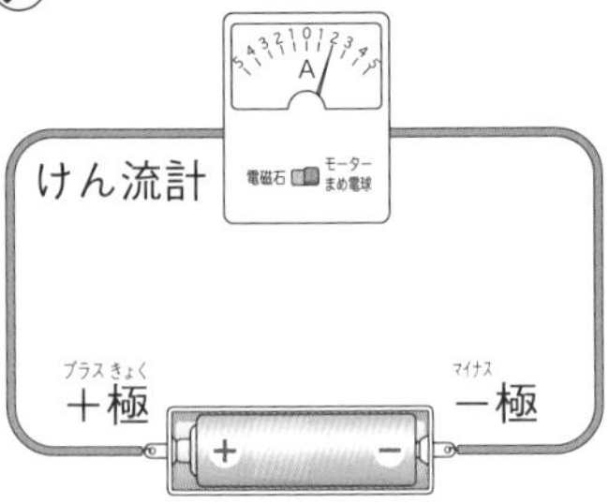

㋑

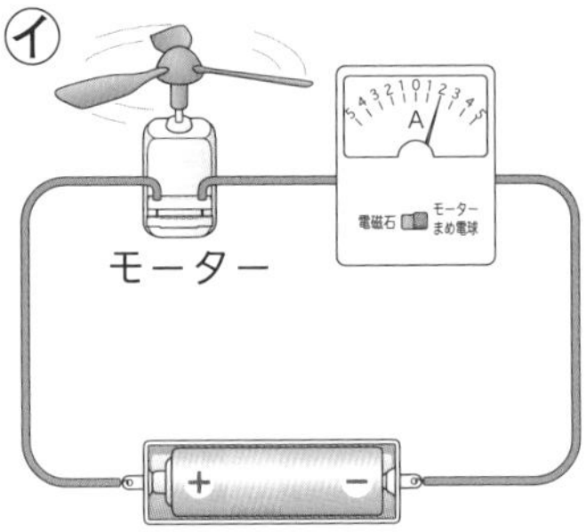

㋒

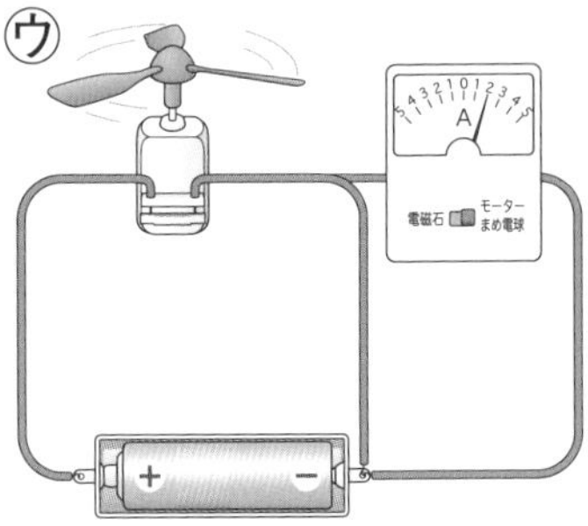

(3)　正しい回路をつくって電流を流すと，右の図のように，けん流計のはりはふれました。かん電池の＋極と－極を反対につなぐと，けん流計のはりのふれ方はどうなりますか。次の㋐〜㋓から選びましょう。　（　　　）

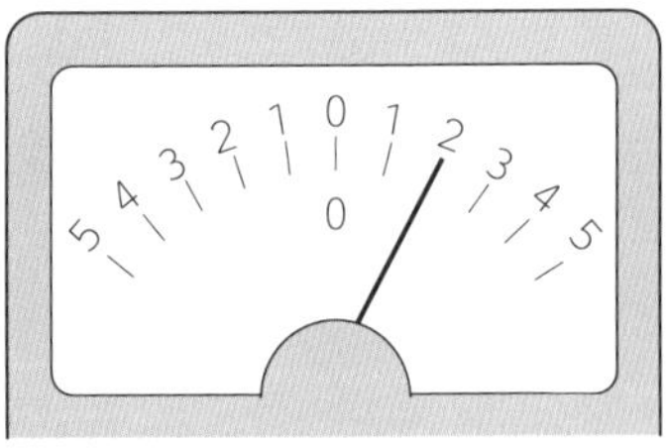

㋐

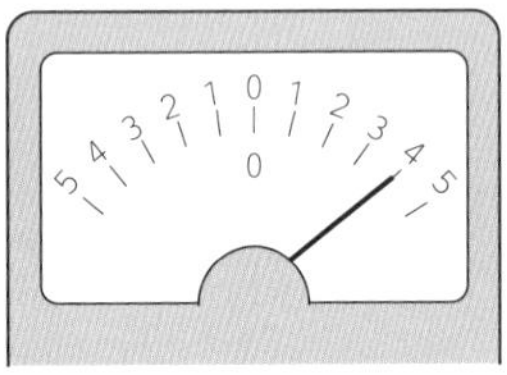

㋑

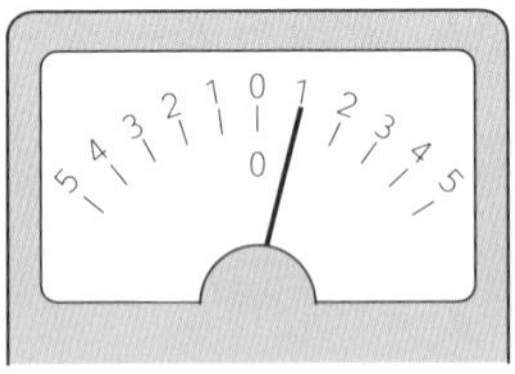

㋒

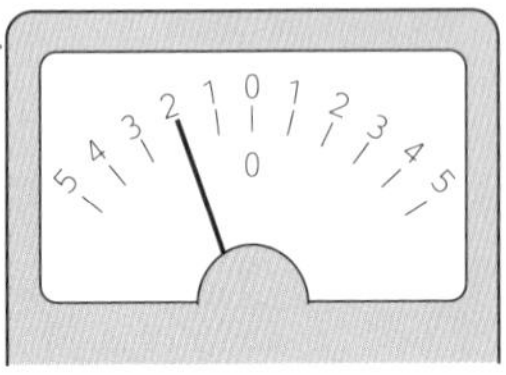

㋓

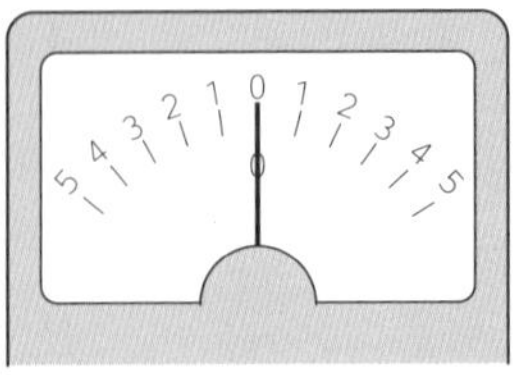

(4)　(3)のようになるのはどうしてですか。次の㋐～㋓から選びましょう。

(　　　)

㋐　回路を流れる電流の大きさが大きくなったから。

㋑　回路を流れる電流の大きさが小さくなったから。

㋒　回路を流れる電流の向きが反対になったから。

㋓　回路を電流が流れなくなったから。

2　**下の①，②のように，かん電池と豆電球，けん流計を使って，回路を組み立てました。これについて，次の問題に答えましょう。**　（1つ8点）

①

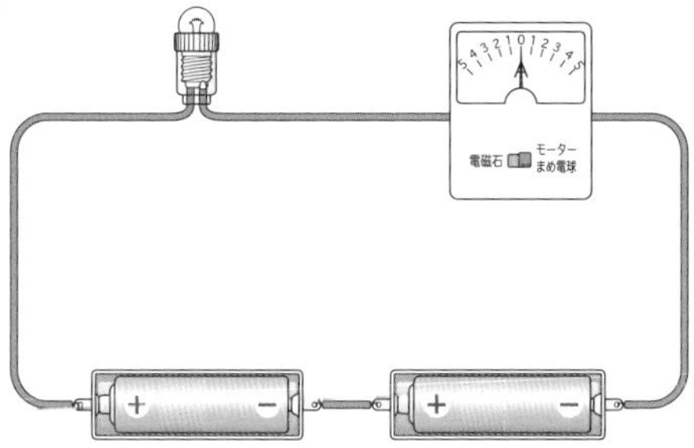

②

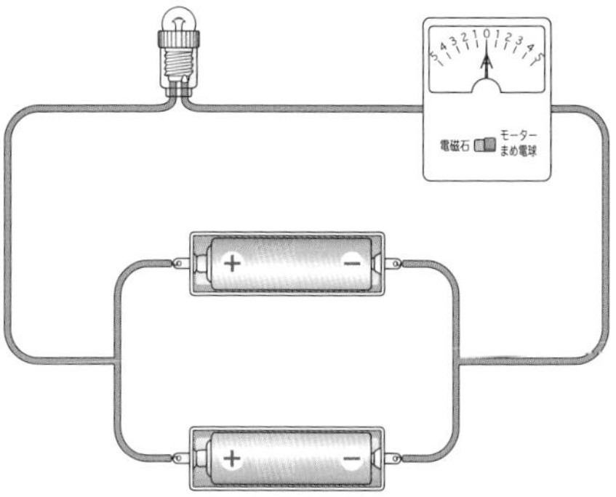

(1)　①，②のようなかん電池のつなぎ方を，それぞれ何といいますか。

①(　　　　　　　　　)

②(　　　　　　　　　)

(2)　豆電球の明るさが，かん電池1このときと同じなのは，①，②のどちらですか。　(　　　)

(3)　流れる電流の大きさが，かん電池1このときと同じなのは，①，②のどちらですか。　(　　　)

(4)　豆電球の明るさが明るいのは，①，②のどちらですか。　(　　　)

(5)　けん流計のはりのふれ方が大きいのは，①，②のどちらですか。

(　　　)

(6)　①，②で，豆電球の明るさがちがうのは，回路を流れる何がちがうからですか。　(　　　　　)

(7)　けん流計にかん電池だけをつなぐつなぎ方は，してもよいですか，してはいけないですか。　(　　　　　　　)

電流にもいろいろな種類があるの？

一方通行の電流と，行ったり来たりする電流

　かん電池から流れる電流は，いつも同じ向きに流れています。だから，モーターも同じ向きに回り続けます。

　でも，家庭のコンセントから流れる電流は，1秒間に50〜60回も向きが変わるって，知っていますか？

　かん電池の電流のように，いつも同じ向きに流れる電流を「直流」といいます。また，コンセントからの電流のように，一定時間ごとに流れる向きが変わる電流を「交流」といいます。

　パソコンやテレビなどは，直流の電流を使うので，電気器具の中に交流を直流に変えるしくみが入っているのです。

　では，どうしてコンセントからの電流には，交流が使われているのでしょうか。その答えは，電気の送りやすさにあります。交流のほうが，遠くまでむだなく電気を送るのに向いているのです。

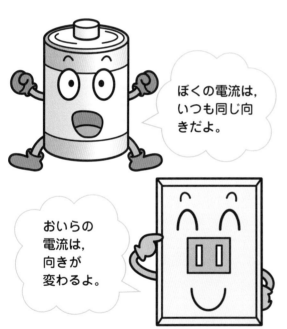

ぼくの電流は，いつも同じ向きだよ。

おいらの電流は，向きが変わるよ。

　実は日本でも，はじめのころは家庭用の電流に直流が使われたことがあります。ところが，直流は発電所からあまりはなれたところには電気を送れないため，東京の中心だけでも，5か所も発電所を建てなければなりませんでした。

コンセントからの電流はとても強いから，豆電球やモーターを直せつつないではいけないよ！

この単元では，電気の流れや，電流の向き，直列つなぎとへい列つなぎについて学習しました。ここでは，電流の種類について調べてみましょう。

引っこししたら，電気器具が使えなくなっちゃった?!

交流の周波数（1秒間に何回電流の向きが変わっているか）は，ヘルツという単位で表されます。日本では東日本と西日本で周波数のちがう電流が使われているので，引っこししたら，電気器具が使えなくなってしまった……ということもあるのです。

どうして，こんな不便なことになってしまったのでしょうか。

え〜！
このせんたく機
使えないの??

実は，むかしは周波数の種類はもっと多かったのです。日本で電気が引かれ始めたころは，小さな電力会社がたくさんあり，それぞれが外国から買った発電機で発電していました。ですから，周波数の種類もばらばら。これではあまりに不便だということで，少しずつういつされてきたのですが，戦争があったり，新しい発電機を買うお金がなかったりして，なかなか進みませんでした。けっきょく，東日本は50ヘルツ，西日本は60ヘルツにとういつするのがやっとだったのです。

ただ，今では周波数に関係なく使える電気器具がふえてきています。

自由研究のヒント

発電所には，どのような種類があるのだろうか。また，どのようにして電気を作っているのだろうか。近くに発電所があったら，見学してみよう。

西日本
60ヘルツ

東日本
50ヘルツ

答え➡別冊解答7ページ

25 月の動き①

とく点

/100点

おぼえよう

月の形

・月の形は，毎日少しずつ変わっていき，ほぼ1か月でもとの形にもどる。

・新月から15日たつと満月（十五夜の月）になる。新月から3日目の月が三日月。

三日月

半月

満月

新月
（見えない。）

月の動き

・月は，太陽と同じように，時こくとともに東から南を通って西へ動く。半月や満月など，月の形はちがっても，動き方は同じである。

満月　夕方に東からのぼって夜明けに西にしずむ。

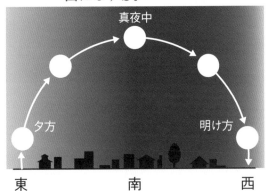

真夜中

夕方

明け方

東　　　南　　　西

半月　午後，南東の空に見えて，夕方に南の空に見える。

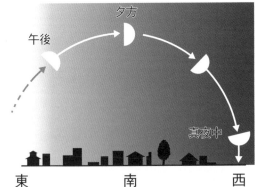

夕方

午後

真夜中

東　　　南　　　西

1 右の図は，いろいろな月の形を表したものです。それぞれ何とよばれますか。（　）にあてはまることばを，　から選んで書きましょう。

（1つ5点）

① 　② 　③　④

（見えない。）

（　　　）（　　　）（　　　）（　　　）

まんげつ　　はんげつ　　みかづき　　しんげつ
満月　　　半月　　　三日月　　　新月

2 下の図は，満月と半月の動くようすを表したものです。（　）にあてはまることばを，　　　　から選んで書きましょう。同じことばを，くり返し使ってもかまいません。

（1つ10点）

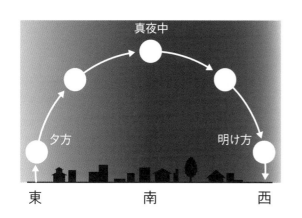

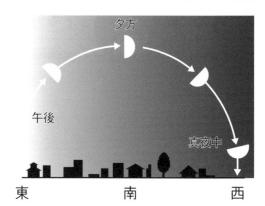

(1) 満月は，①（　　　　　）に東からのぼって，②（　　　　　）に西にしずむ。

(2) 半月は，①（　　　　　）に南東の空に見えて，②（　　　　）に南の空に見える。

(3) 月は，太陽と同じように，①（　　　　　）から南を通って②（　　　　）へ動く。

| 明け方 | 正午ごろ | 午後 | 夕方 | 真夜中 |
| 東 | 西 | 南 | 北 |

3 次の文は，月の見え方について書いたものです。（　）にあてはまることばを，　　　　から選んで書きましょう。（1つ10点）

新月
（見えない。）

三日月　　半月

満月

(1) 月の形は，毎日少しずつ変わっていき，ほぼ（　　　　　）で，もとの形にもどる。

(2) 新月から15日たつと，（　　　　　）になる。

| 1週間 | 1か月 | 半月 | 満月 |

答え➡別冊解答7ページ

26 月の動き②

とく点

/100点

1

右の図は，満月が動くようすを表したものです。これについて，次の問題に答えましょう。（１つ10点）

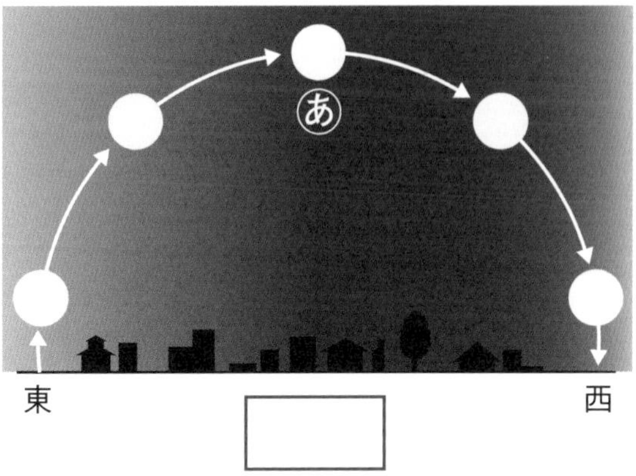

(1) 図の□にあてはまる方位を，東・西・南・北から選んで書きましょう。

(2) 満月が図の[あ]のところに見えるのは何時ごろですか。次の㋐～㋓から選びましょう。（　　）

㋐ 午後８時ごろ　㋑ 午前０時ごろ

㋒ 午前４時ごろ　㋓ 正午ごろ

(3) 満月が見えた日から15日たつと，月はどのように見えますか。右の図の㋐～㋓から選びましょう。（　　）

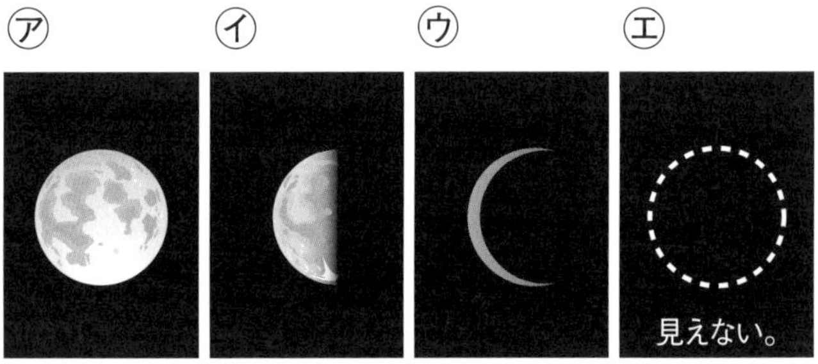

2

右の図は，半月が動くようすを表したものです。これについて，次の問題に答えましょう。（１つ10点）

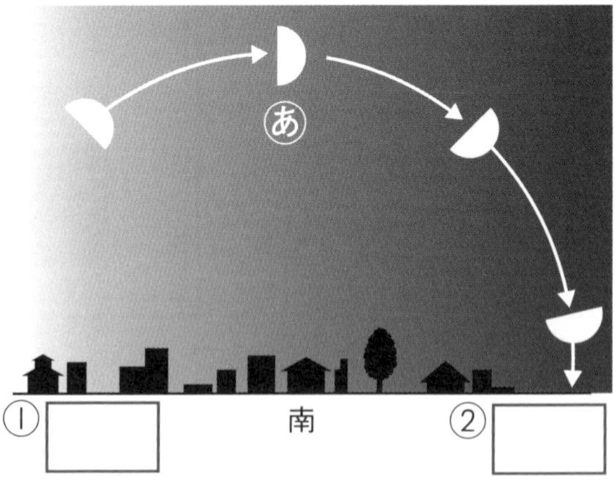

(1) 図の□にあてはまる方位を，東・西・南・北から選んで書きましょう。

(2) 半月が図の[あ]のところに見えるのは何時ごろですか。次の㋐～㋓から選びましょう。（　　）

㋐ 午前10時ごろ　㋑ 午後６時ごろ

㋒ 午後10時ごろ　㋓ 午前６時ごろ

3

右の図は，いろいろな月の形を表したものです。これについて，次の問題に答えましょう。

（１つ10点）

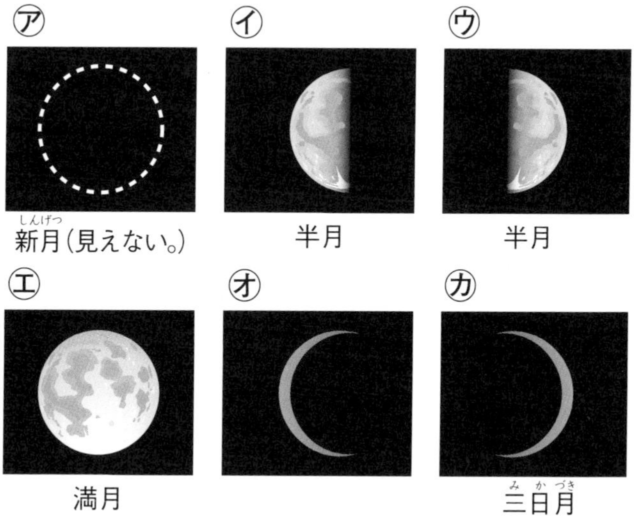
㋐
㋑
㋒
新月（見えない。）
半月
半月
㋓
㋔
㋕
満月
三日月

⑴　月のようすが㋐だった日から，次に月が㋐のようになるまで，月の形はどのように変わっていきますか。変わっていく順に，あいているところに㋑～㋕を書きましょう。

（㋐→　　→㋒→　　→　　→　　→㋐）

⑵　満月が見えた日から，次に満月が見えるまでには，どれくらいかかりますか。次の㋖～㋙から選びましょう。　（　　）

㋖　ほぼ１週間　　㋗　ほぼ10日間

㋘　ほぼ１か月　　㋙　ほぼ１年間

⑶　図の㋐～㋕の月の動き方について正しいものを，次の㋚～㋝から選びましょう。　（　　）

㋚　どの月も西から東へ動く。

㋛　どの月も東から西へ動く。

㋜　西から東へ動く月と，東から西へ動く月がある。

㋝　東から西へ動く月と，動かない月がある。

4

右の図は，ある日の月の動き方を表したものですが，月の形はしめしてありません。この日の月はどのような月ですか。次の㋐～㋓から選びましょう。　（10点）

（　　）

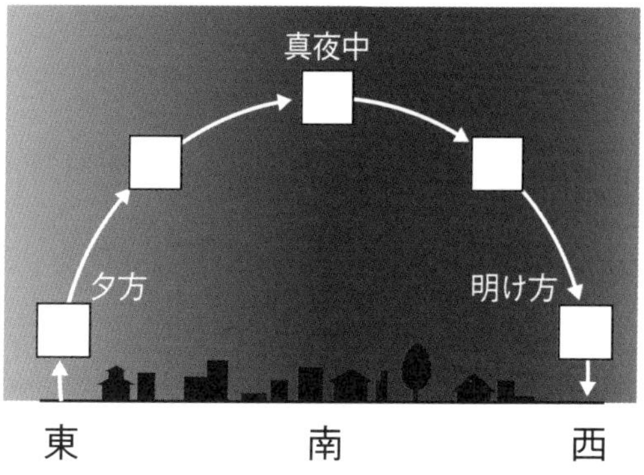
真夜中
夕方
明け方
東
南
西

㋐　新月　　㋑　三日月

㋒　半月　　㋓　満月

27 星の動き①

とく点

/100点

さそりざ（夏の夜，南の空に見える。）

アンタレス
（赤い星）

★1等星
✦2等星
●3等星以下

星　ざ

星のまとまりをいろ
いろな形に見立てて
名前をつけたものを
星ざという。

星の色

星には，いろいろな色のもの
がある。

星の明るさ

明るい星から1等星，2等星，
3等星…と分けられている。

夏の大三角　8月10日午後9時

夏の夜，東の空から真上の空にかけて見える。

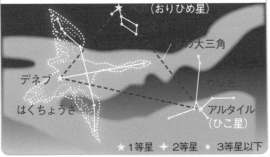

（おりひめ星）

デネブ

はくちょうざ

の大三角

わしざ

アルタイル
（ひこ星）

★1等星　✦2等星　●3等星以下

冬の大三角　2月10日午後9時

冬の夜，南の空に見える。

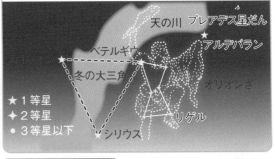

天の川　プレアデス星だん

ベテルギウ

アルデバラン

冬の大三角

オリオンざ

★1等星
✦2等星
●3等星以下

リゲル

シリウス

星ざの動き

星や星ざは，時こ
くとともに見える
位置は変わるが，
ならび方は変わら
ない。

午後8時

午後7時

南

星ざ早見の使い方

①月日と時こくの目もりを，
観察するときに合わせる。
②見ようとする方位の文
字を下にして，星ざ早見
を上方にかざして実さい
の星とくらべる。

1

次の文の（　）にあてはまることばを，
から選んで書きましょう。

（1つ10点）

(1)　星のまとまりをいろいろな形に
見立てて名前をつけたものを
（　　　　　）という。

(2)　1等星，2等星…という区別は，
星の（　　　　　）を表している。

さそりざ

アンタレス

★1等星
✦2等星
●3等星以下

大きさ　　明るさ　　星ざ

2 次の文の（　）にあてはまることばを，　　　　　から選んで書きましょう。

（1つ10点）

> 星や星ざは，時こくとともに見える
> ① (　　　　　　　　　　) は変わるが，
> ② (　　　　　　　　　　) は変わらない。

位置　　ならび方

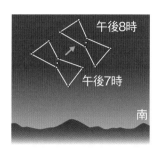

3 右の図は，夏の大三角を表したものです。□□□にあてはまる星の名前を，　　　から選んで書きましょう。　（1つ10点）

ベガ　　デネブ
アルタイル

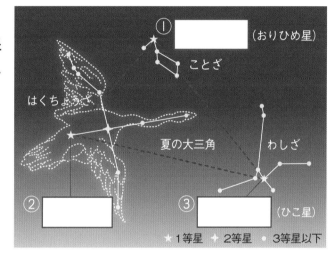

4 下の図は，冬の大三角を表したものです。□□□にあてまはる星の名前を，　　　から選んで書きましょう。

（1つ10点）

ベテルギウス
プロキオン
シリウス

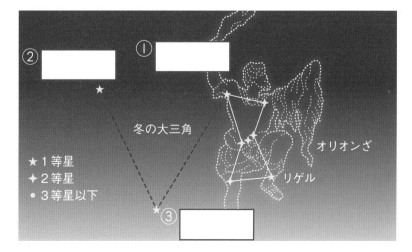

答え➡別冊解答8ページ

とく点　　/100点

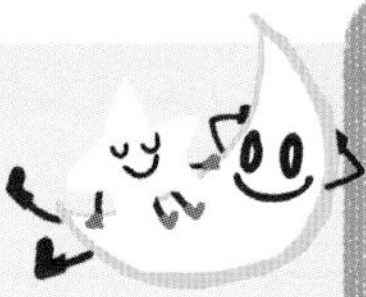

28 星の動き②

1 **次の文は，星や星ざについて書いたものです。(　)にあてはまることばを，　　　から選んで書きましょう。**（１つ５点）

(1) 星にはいろいろな色のものが(　　　　　　)。

(2) 星は，明るい星から順に①(　　　　　)，２等星，②(　　　　　)，…と分けられている。

(3) さそりざの１等星を(　　　　　　　)という。

ある　ない
１等星
３等星
アンタレス
アルデバラン

2 **星や星ざの見える位置やならび方について，次の問題に答えましょう。**（１つ５点）

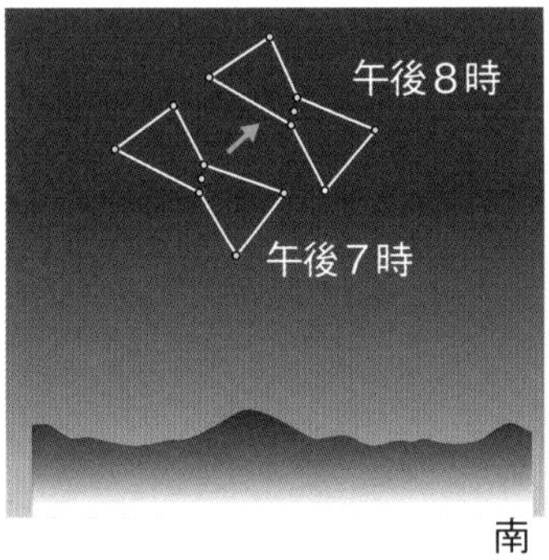

(1) 星や星ざの見える位置は，時こくとともに変わりますか，変わりませんか。(　　　　　　　)

(2) 星や星ざのならび方は，時こくとともに変わりますか，変わりませんか。(　　　　　　　)

3 **右の図は，夏の夜に見えた星や星ざのようすを表したものです。これについて，次の問題に答えましょう。**（１つ10点）

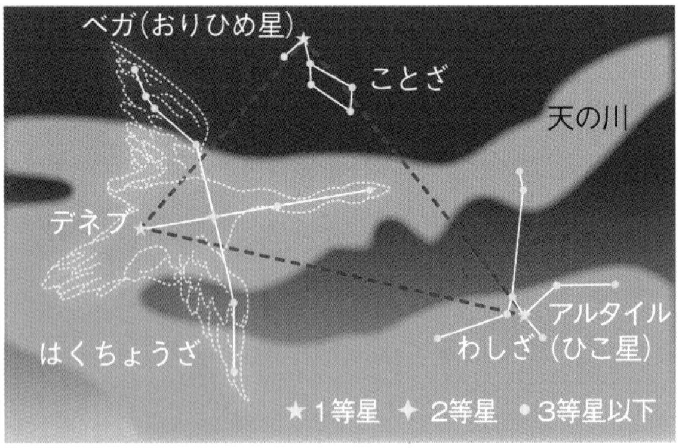

(1) ベガ，デネブ，アルタイルの３つの星を結んでできる三角形を何といいますか。

(　　　　　　　　　)

(2) 図の三角形は，８月10日ごろの午後９時には，どの方位の空に見えますか。次の㋐～㋓から選びましょう。(　　)

㋐ 東の空から真上の空　㋑ 西の空から真上の空

㋒ 南の空から真上の空　㋓ 北の空から真上の空

4 右の図は，冬の夜に見えた星や星ざのようすを表したものです。これについて，次の問題に答えましょう。

（1つ10点）

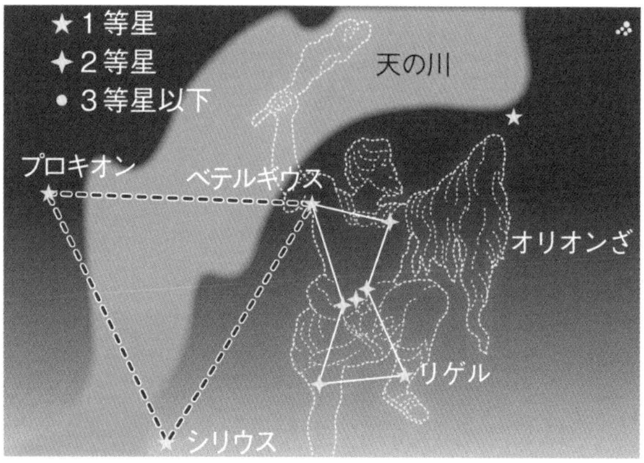

(1) プロキオン，シリウス，ベテルギウスの３つの星を結んでできる三角形を何といいますか。

（　　　　　　　）

(2) 図の三角形は，２月10日ごろの午後９時には，どの方位の空に見えますか。次の㋐～㋓から選びましょう。（　　）

㋐ 東の空　㋑ 西の空　㋒ 南の空　㋓ 北の空

(3) 図のような星の見える位置やならび方は，時間がたつとどうなりますか。次の㋐～㋓から選びましょう。（　　）

㋐ 星の見える位置もならび方も，変わる。

㋑ 星の見える位置は変わるが，ならび方は変わらない。

㋒ 星の見える位置は変わらないが，ならび方は変わる。

㋓ 星の見える位置もならび方も，変わらない。

5 右の２つの図は，それぞれ別（べつ）の季節（きせつ）の夜に見える星や星ざのようすを表したものです。これについて，次の問題に答えましょう。（1つ10点）

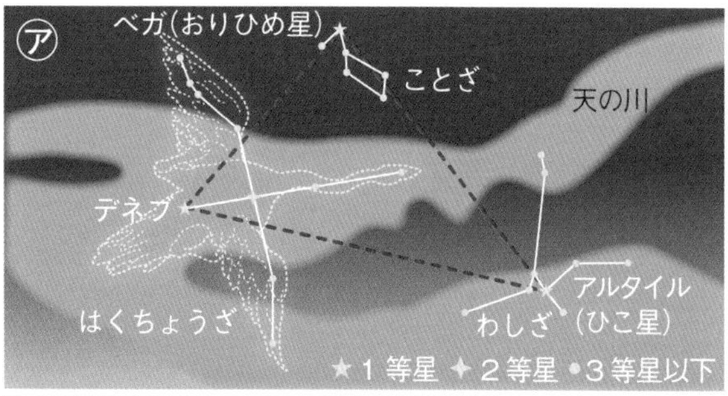

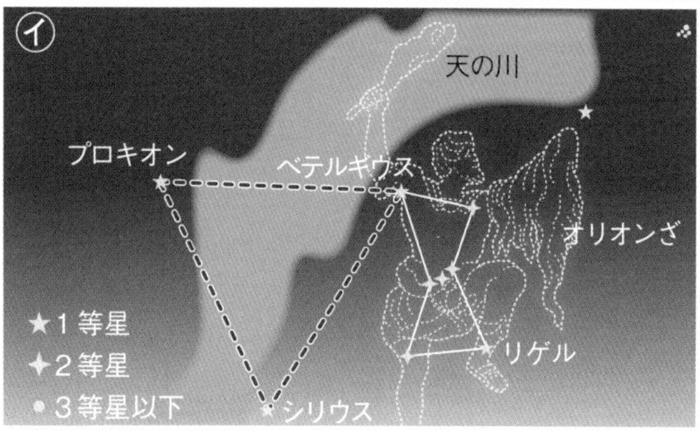

(1) 夏の夜に見える星や星ざのようすはどちらですか。㋐，㋑から選びましょう。（　　）

(2) 星ざ早見を使って星ざをさがすとき，見ようとする方位の文字は，上と下のどちらにしますか。

（　　）

答え➡別冊解答8ページ

とく点　　/100点

29 単元のまとめ

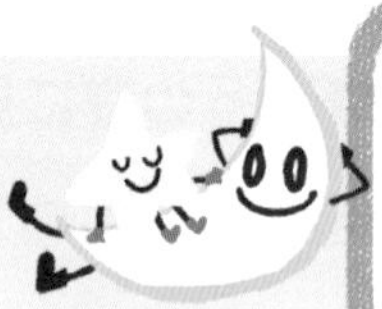

1 **右の図は，月の形が毎日少しずつ変わっていくようすを表したものです。これについて，次の問題に答えましょう。**

（１つ７点）

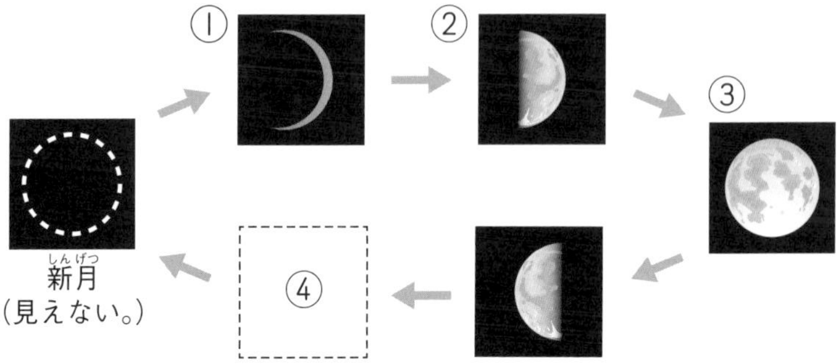

(1)　図の①〜③の形の月を，それぞれ何といいますか。

①（　　　　　　）　②（　　　　　　）　③（　　　　　　）

(2)　図の④にあてはまる形を，右の㋐〜㋓から選びましょう。　（　　）

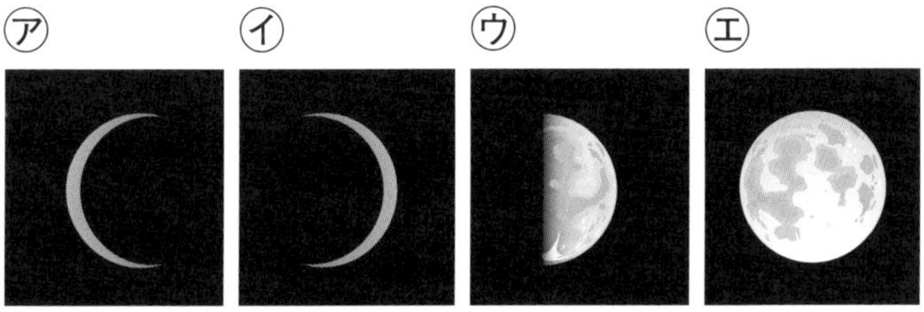

(3)　新月の日から次の新月の日まではどれくらいですか。次の㋐〜㋓から選びましょう。　（　　）

㋐　ほぼ１週間　　㋑　ほぼ10日間　　㋒　ほぼ１か月　　㋓　ほぼ１年

2 **右の図は，月の動き方を表したものですが，月の形はしめしてありません。これについて，次の問題に答えましょう。**　（１つ５点）

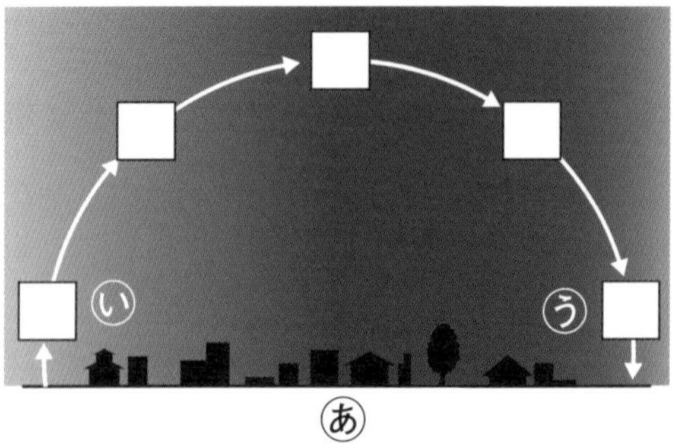

(1)　図の[あ]は，東・西・南・北のうちの，どの方角ですか。　（　　）

(2)　月が夕方，図の[い]のところに見えるのは，半月のときですか，満月のときですか。　（　　　　）

(3)　月が真夜中に[う]のところに見えるのは，半月のときですか，満月のときですか。　（　　　　）

3 右の図は，ある星ざを表したものです。これについて，次の問題に答えましょう。

（1つ6点）

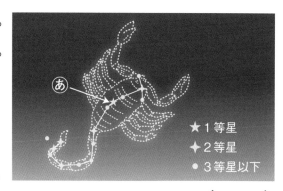

★1等星
✦2等星
●3等星以下

(1) 図の星ざは何という星ざですか。

（　　　　　　　　　）

(2) 図の星が南の空に見えるのは，春，夏，秋，冬のいつですか。　　　　　　　（　　　）

(3) あの星は赤く明るい星でした。この星の名前を書きましょう。

（　　　　　　　　　）

(4) 星の色は，どれも同じですか，ちがいますか。（　　　　　　　　　）

(5) １等星，２等星，３等星…という分け方は，星の何を表していますか。

（　　　　　　　　　）

(6) 星ざの見える位置や星のならび方は，時間がたつとどうなりますか。次の㋐～㋓から選びましょう。　　　　　　（　　　）

㋐ 星ざの見える位置や星のならび方は変わらない。

㋑ 星ざの見える位置は変わるが，星のならび方は変わらない。

㋒ 星ざの見える位置は変わらないが，星のならび方は変わる。

㋓ 星ざの見える位置も星のならび方も変わる。

4 次の文は，星ざ早見の使い方について書いたものです。（　）にあてはまることばを書きましょう。

（1つ7点）

(1) 月日の目もりと（　　　　　　）の目もりを，観察するときに合わせる。

(2) 見る方位の文字を（　　　　　　）にして，星ざ早見を上にかざして実さいの星とくらべる。

答え➡別冊解答8ページ

とく点

/100点

30 とじこめた空気①

おぼえよう

とじこめた空気の体積と力

・とじこめた空気に力を加えると、体積が小さくなる。

・空気をおす力を大きくするほど、体積は小さくなり、もとにもどろうとするため、空気がおし返す力が大きくなる。

空気でっぽう

・空気がおし返す力を使って、空気でっぽうで玉を飛ばすことができる。

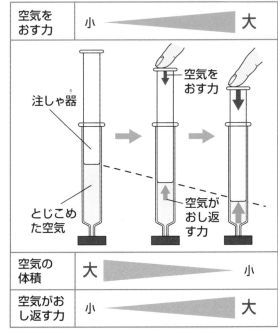

空気をおす力	小　　　　　　　　大

注しゃ器

とじこめた空気

空気をおす力

空気がおし返す力

空気の体積	大　　　　　　　　小
空気がおし返す力	小　　　　　　　　大

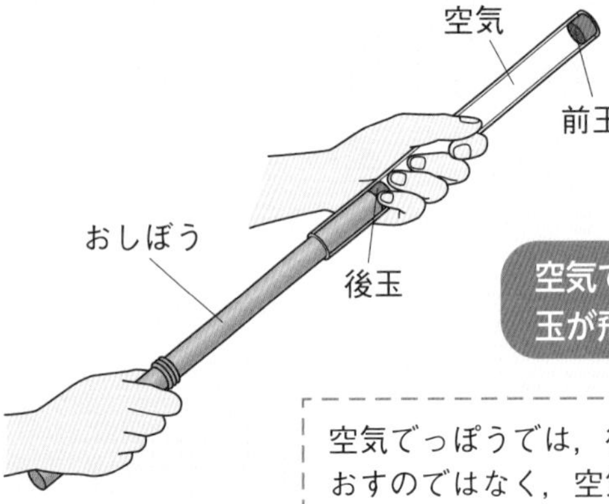

空気

前玉

おしぼう

後玉

空気でっぽうの玉が飛ぶしくみ

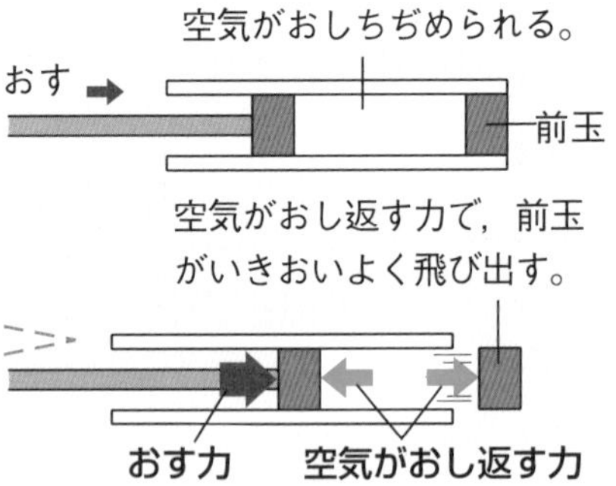

空気がおしちぢめられる。

おす➡

前玉

空気がおし返す力で、前玉がいきおいよく飛び出す。

空気でっぽうでは、後玉が前玉をおすのではなく、空気が前玉をおして、前玉が飛ぶ。

おす力　　空気がおし返す力

1 右の図は、空気でっぽうのようすを表したものです。□にあてはまることばを、　　から選んで書きましょう。　（1つ12点）

前玉　　後玉

おしぼう　　空気

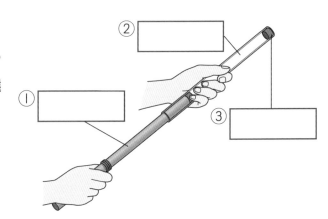

②

①

③

2 右の図は，とじこめた空気に力を加えるようすを表したものです。次の文の（ ）にあてはまることばを，　　　からえらんで書きましょう。 (1つ10点)

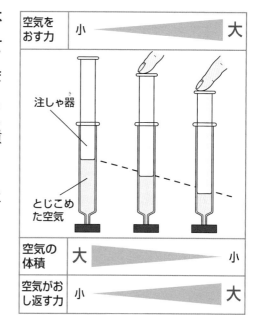

空気を おす力	小 ▸ 大
空気の 体積	大 ◂ 小
空気がお し返す力	小 ▸ 大

注しゃ器

とじこめ
た空気

(1) とじこめた空気に力を加えると，体積
が（　　　　　　　　）。

(2) とじこめた空気の体積が小さくなるほ
ど，空気がおし返す力は

（　　　　　　　　　　　）。

　　大きくなる　　小さくなる

3 右の図は，空気でっぽうの玉が飛ぶしくみを表したものです。これについて，次の問題に答えましょう。 (1つ11点)

(1) 図の（ ）にあてはまることばを，　　　から選んで書きましょう。同じことばを，くり返し使ってもかまいません。

　　前玉　　後玉　　空気

(2) 次の文の（ ）にあてはまることばを，　　　から選んで書きましょう。

① 空気でっぽうは，空気が

（　　　　　　　　　）を使って，

前玉を飛ばす。

② 空気でっぽうでは，

（　　　　　　　）が前玉をおして，前玉が飛ぶ。

　　前玉　　後玉　　空気　　おしぼう　　おし返す力　　ちぢむ力

後玉　　空気　　前玉

おしぼう

①（　　　　　　）がおしちぢめられる。

おす ➡

②（　　　　　　）がおし返す力で，前玉がいきおいよく飛び出す。

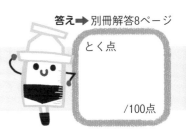

答え➡別冊解答8ページ

31 とじこめた空気②

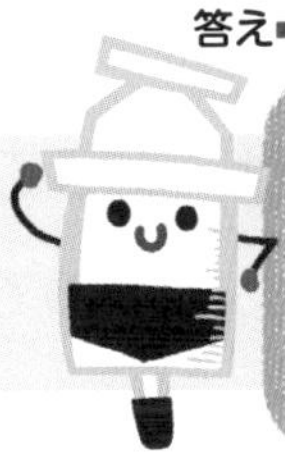

とく点

/100点

1

右の図のように，注しゃ器に空気をとじこめ，力を加えていきました。これについて，次の問題に答えましょう。

（１つ５点）

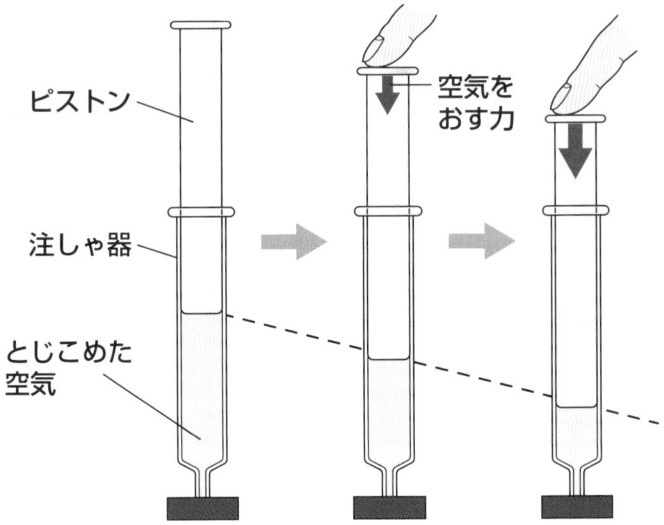

(1)　とじこめた空気に力を加えると，体積は大きくなりますか，小さくなりますか。

（　　　　　　　　）

(2)　とじこめた空気に加える力が大きくなると，空気がおし返す力は大きくなりますか，小さくなりますか。　（　　　　　　　　）

2

右の図のような空気でっぽうについて，次の問題に答えましょう。

（１つ10点）

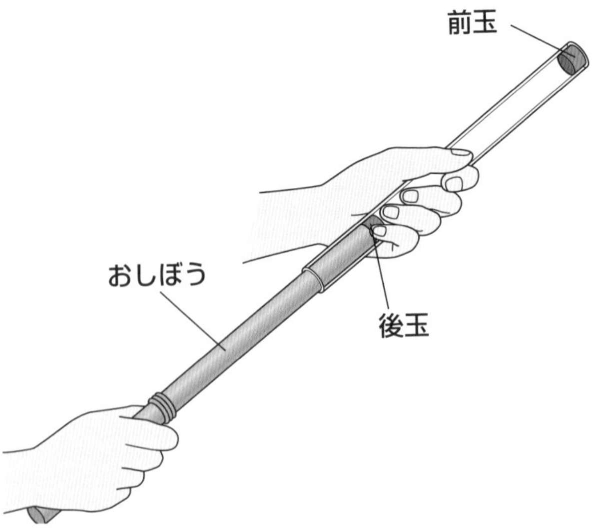

(1)　空気でっぽうは，どんな力を使って玉を飛ばしますか。次の㋐，㋑から選びましょう。

（　　）

㋐　空気がちぢむ力

㋑　空気がおし返す力

(2)　空気でっぽうの前玉は，何におされて飛び出しますか。次の㋐～㋒から選びましょう。　（　　）

㋐　後玉　　㋑　おしぼう　　㋒　空気

3

右の図のように，注しゃ器に空気をとじこめ，いろいろな大きさで力を加え，手ごたえを調べました。これについて，次の問題に答えましょう。（1つ10点）

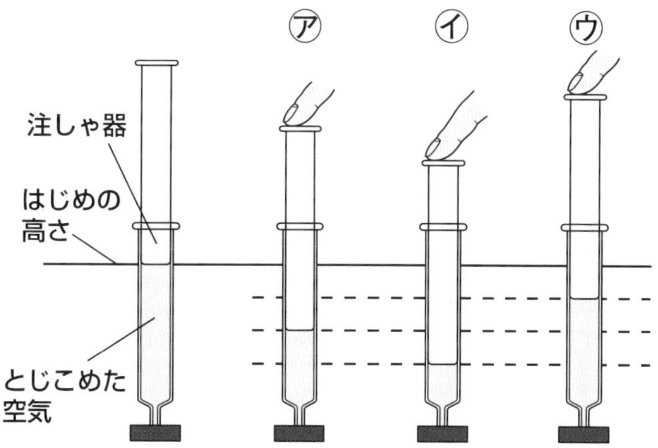

(1) 図の㋐～㋒のうち，加えた力がいちばん大きいのはどれですか。（　　）

(2) 図の㋐～㋒のうち，とじこめた空気の体積がいちばん小さいのはどれですか。（　　）

(3) 図の㋐～㋒のうち，手ごたえがいちばん大きいのはどれですか。（　　）

(4) 次の文の（　）にあてはまることばを書きましょう。

［ とじこめた空気に加える力が大きいほど，空気の体積は①（　　　　）なり，手ごたえは②（　　　　）なる。］

4

右の図のような空気でっぽうについて，次の問題に答えましょう。（1つ10点）

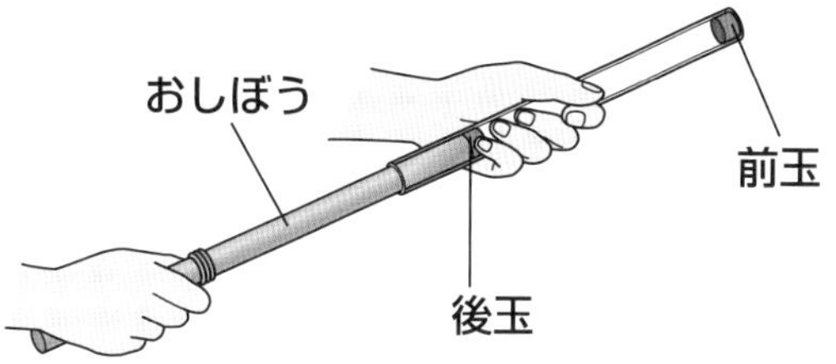

(1) おしぼうをゆっくりおしていったとき，前玉が飛び出すしゅん間の後玉の位置（いち）は，次の㋐～㋒のどこですか。（　　）

㋐

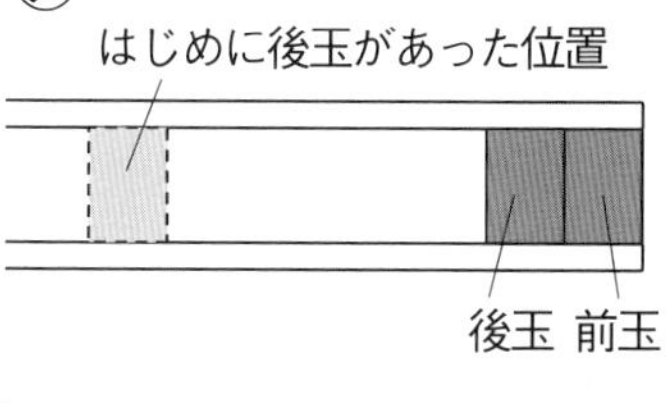

㋑

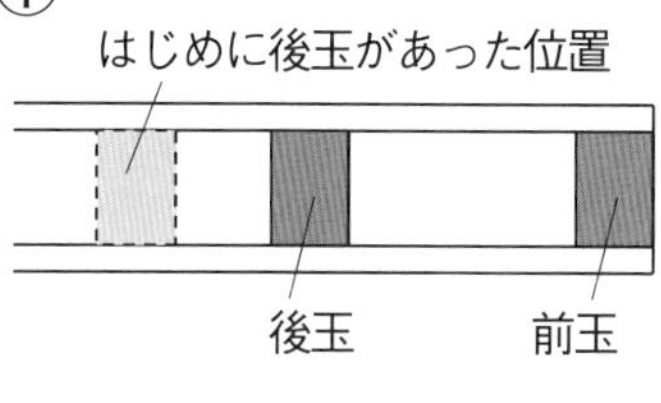

㋒

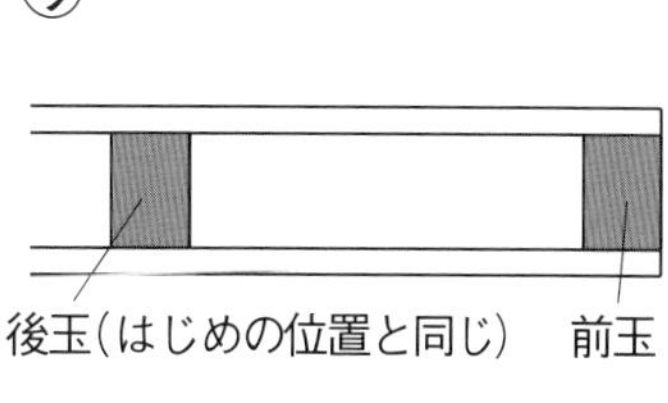

(2) 右の図のように，あなのあいた前玉を使っておしぼうをゆっくりおしていったとき，前玉は飛び出しますか，飛び出しませんか。（　　　　）

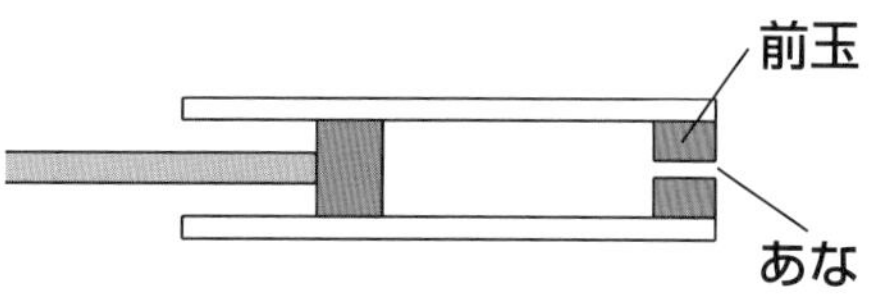

答え➡別冊解答9ページ

とく点

/100点

32 とじこめた水①

おぼえよう

とじこめた水の体積と力

・水は空気とちがい，力を加えても，体積は変わらない。

空気でっぽうの空気のかわりに，水を入れたら…

水はおしちぢめられないので，前玉は，いきおいよく飛び出さない。

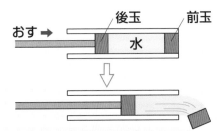

おす➡

後玉　前玉

水

空気と水をいっしょにとじこめて力を加えたら…

空気だけがおしちぢめられる。

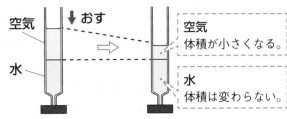

空気　　おす

空気　体積が小さくなる。

水　　水　体積は変わらない。

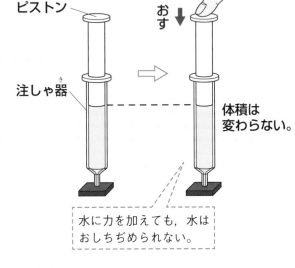

ピストン

おす↓

注しゃ器

体積は変わらない。

水に力を加えても，水はおしちぢめられない。

〔空気と水のせいしつを使ったふん水〕

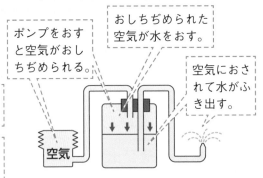

ポンプをおすと空気がおしちぢめられる。

おしちぢめられた空気が水をおす。

空気におされて水がふき出す。

空気

1 右の図のようにして，水を入れた注しゃ器のピストンをおしました。次の文の（　）にあてはまることばを，　　　から選んで書きましょう。　　　　　　　（20点）

［　水に力を加えても，水の体積は
（　　　　　　　　）。　］

変わる　　変わらない

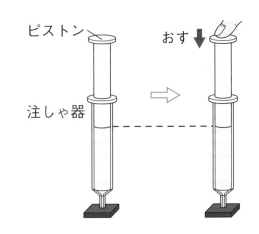

ピストン

おす↓

注しゃ器

2

右の図のように，空気でっぽうの空気のかわりに水を入れました。これについて，次の問題に答えましょう。（1つ20点）

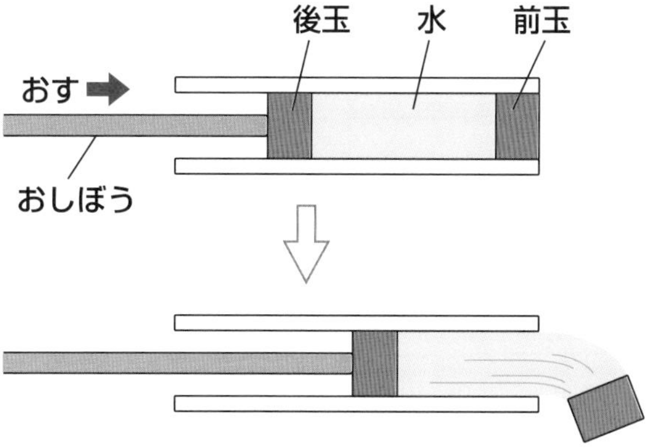
後玉
水
前玉
おす
おしぼう

(1) おしぼうをおすと，水はおしちぢめられますか，おしちぢめられませんか。

（　　　　　　　　）

(2) おしぼうをおすと，前玉は飛(と)び出しました。このときのいきおいとして正しいものを，次の㋐～㋒から選びましょう。（　　）

㋐ 空気を入れたときと同じ。

㋑ 空気を入れたときより強い。

㋒ 空気を入れたときより弱い。

3

右の図のように，注しゃ器に水と空気を入れて，力を加えました。これについて，次の問題に答えましょう。（1つ20点）

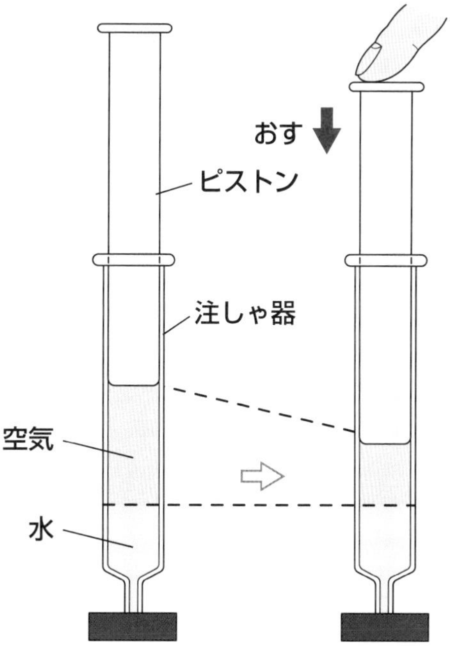
おす
ピストン
注しゃ器
空気
水

(1) ピストンをおすと，空気の体積はどうなりますか。　　から選んで書きましょう。（　　　　　　　　）

大きくなる　小さくなる
変わらない

(2) ピストンをおすと，水の体積はどうなりますか。　　から選んで書きましょう。（　　　　　　　　）

大きくなる　小さくなる　変わらない

33 とじこめた水②

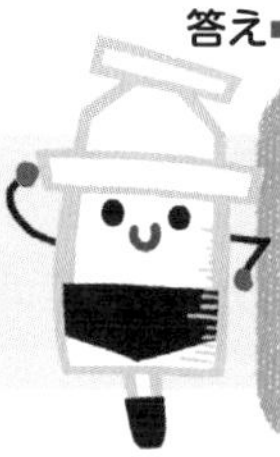

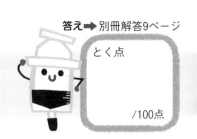

答え➡別冊解答9ページ

とく点　　/100点

1 右の図のように，注しゃ器に水だけを入れて，ピストンをおしました。これについて，次の問題に答えましょう。

（１つ14点）

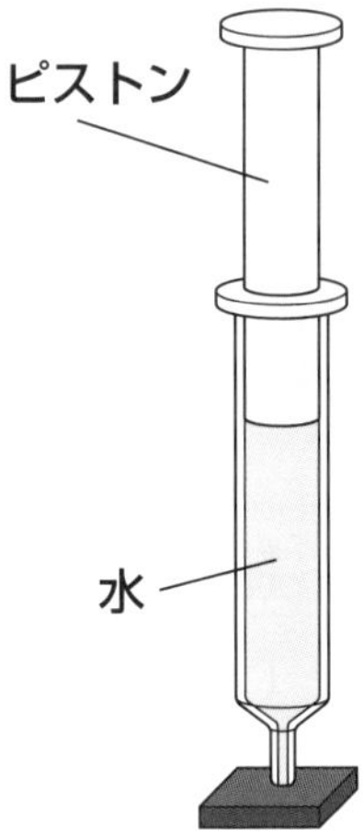

(1) ピストンはおし下げることができますか，できませんか。（　　　　　　　　　）

(2) (1)のようになるのはどうしてですか。次の㋐～㋒から選びましょう。（　　　）

㋐ 水に力を加えると，体積が小さくなるから。

㋑ 水に力を加えると，体積が大きくなるから。

㋒ 水に力を加えても，体積は変わらないから。

2 右の図のように，注しゃ器に水や空気を入れました。㋐には水だけが入っています。㋑と㋒には水と空気が入っていますが，㋒のほうが空気が多く入っています。これについて，次の問題に答えましょう。（１つ12点）

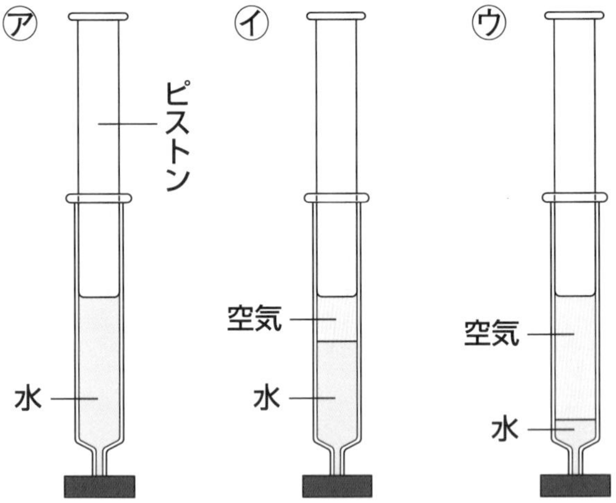

(1) 力を加えても，ピストンをおし下げることができないのはどれですか。㋐～㋒から選びましょう。（　　　）

(2) (1)で，力を加えてもピストンをおし下げることができないのはどうしてですか。（　　　　　　　　　　　　　　　　　　　　　　　　　）

(3) ピストンをおし下げることができたもののうち，より大きくおし下げることができたのはどれですか。（　　　）

3 図１は，空気と水のせいしつを使ったふん水です。これについて，次の問題に答えましょう。

（1つ12点）

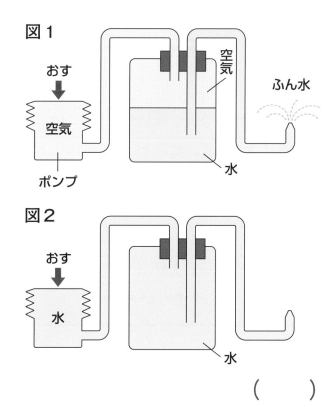

図１

おす

空気

ポンプ

空気

ふん水

水

図２

おす

水

水

(1) 図１のように，ポンプをおすと，水がふん水になってふき出しました。水は，何におされてふき出しましたか。

（　　　　　　　　）

(2) 図１で，ふん水がふき出したのは，水と空気にどんなせいしつがあるからですか。次の㋐〜㋑から選びましょう。

（　　　）

㋐	水……力を加えられると体積が小さくなり，おし返す。 空気…力を加えられても，体積が変わらない。
㋑	水……力を加えられると体積が小さくなり，おし返す。 空気…力を加えられると体積が小さくなり，おし返す。
㋒	水……力を加えられても，体積が変わらない。 空気…力を加えられると体積が小さくなり，おし返す。
㋓	水……力を加えられても，体積が変わらない。 空気…力を加えられても，体積が変わらない。

(3) 図２のように，空気を入れずに水だけを入れてポンプをおすと，ふん水はどうなりますか。次の㋐〜㋑から選びましょう。　　　（　　　）

㋐　ポンプをおしても，水はふき出さない。

㋑　ポンプをおすのをやめても，しばらくの間，水がふき出し続ける。

㋒　ポンプをおしている間だけ，水がふき出す。

㋓　ポンプをおすことはできない。

答え➡別冊解答9ページ

とく点

/100点

34 単元のまとめ

1 右の図のように，注しゃ器に空気だけを入れて，ピストンをおしました。これについて，次の問題に答えましょう。　（1つ10点）

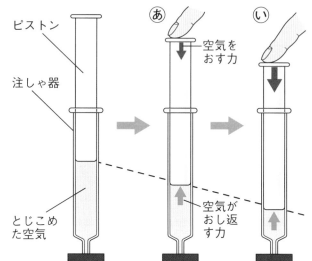

(1) 空気をおす力が大きいのは，あ，いのどちらですか。（　　　）

(2) 空気をおし返す力が大きいのは，あ，いのどちらですか。
（　　　）

(3) とじこめた空気の体積と，空気がおし返す力について正しいものを，次のⓐ，ⓘから選びましょう。　（　　　）

　ⓐ　とじこめた空気の体積が小さくなるほど，おし返す力は大きくなる。

　ⓘ　とじこめた空気の体積が小さくなるほど，おし返す力は小さくなる。

2 右の図は，空気でっぽうを表したものです。これについて，次の問題に答えましょう。　（1つ10点）

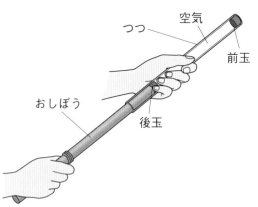

(1) 空気でっぽうの前玉は，何におされて飛び出しますか。
（　　　　　　　　　）

(2) 前玉が小さくて，つつと前玉の間にすき間があるとき，おしぼうで後玉をゆっくりおすと，前玉はどうなりますか。次のⓐ～ⓒから選びましょう。　（　　　）

　ⓐ　いきおいよく飛び出すようになる。

　ⓘ　飛び出さなくなる。

　ⓒ　飛び出し方は変わらない。

3 右の図のように，注しゃ器に水や空気をとじこめて，ピストンをおしました。これについて，次の問題に答えましょう。（1つ10点）

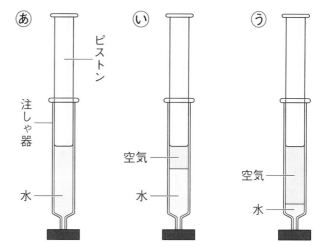

(1) 同じ力でピストンをおしたとき，より大きくおし下げることができるのは，あ～うのどれですか。　　（　　）

(2) あ～うの注しゃ器のピストンを同じ力でおしたとき，おし下げられ方にちがいがあるのはどうしてですか。次のア～エから選びましょう。　　（　　）

　ア　水はおしちぢめられるが，空気はおしちぢめられないから。

　イ　水はおしちぢめられないが，空気はおしちぢめられるから。

　ウ　水も空気もおしちぢめられるから。

　エ　水も空気もおしちぢめられないから。

4 右の図のように，空気でっぽうの空気のかわりに水を入れました。これについて，次の問題に答えましょう。（1つ15点）

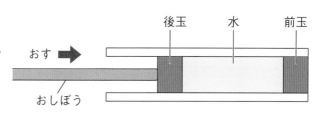

(1) おしぼうをおしたときの前玉の飛び出し方はどうなりますか。次のア，イから選びましょう。　　（　　）

　ア　空気を入れたときと同じいきおいで飛び出す。

　イ　飛び出すが，いきおいは空気を入れたときよりも弱い。

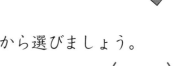

(2) 前玉の飛び出すいきおいを強くするためにはどうすればよいですか。次のア，イから選びましょう。

　　　　　　　　　　　　　　　（　　）

　ア　とじこめる水の量をへらす。　　イ　空気もいっしょにとじこめる。

空気で屋根をささえる東京ドーム

「打ちました！　ボールはぐんぐんのびて，入った！ ホームラン!!」

　プロ野球の試合が行われる球場には，屋根のあるドーム式球場があります。屋根を作るといっても，野球場ですからグラウンドに柱を立てるわけにはいきません。さまざまなくふうで屋根をおし上げています。

　中でもおどろくのが東京ドーム。空気の力で屋根をささえているのです。

　東京ドームの屋根は，特別なぬのでできています。その重さは400トン。何と自動車250台分もの重さがあります。

　東京ドームでは，36台の送風機を使ってドームの中に空気を送りこみ，この空気の力で屋根をささえています。

　つまり，東京ドームでは，ふくらませたふくろの中で野球をやっているようなものなのですね。

　また，入口のドアも，ふつうの建物と同じつくりにすると中の空気が外に出ていってしまい，屋根をおし上げられなくなってしまうので，空気がにげにくい回転ドアが使われています。

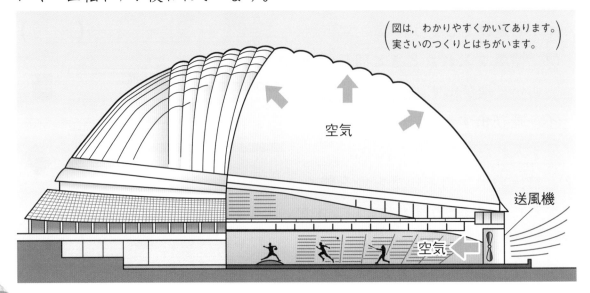

（図は，わかりやすくかいてあります。
実さいのつくりとはちがいます。）

空気

送風機

空気

この単元では，とじこめた空気や水をおした
ときの，体積の変化やおし返す力について学習
しました。ここでは，空気の力を利用したもの
について調べてみましょう。

あまり水が飛ばなかった，江戸時代の消ぼうポンプ

　消ぼう自動車やポンプ車などがなかった江戸時代にも，火事のときに水を
飛ばす「りゅうと水」とよばれる，かんたんなポンプのようなものがありま
した。

　りゅうと水は，オランダのポンプをまねて作ったもので，水でっぽうを大
きくしたようなものでした。空気の力を利用するしくみはまだできていなか
ったので，水のいきおいは弱く，あまり飛ばなかったといわれています。で
すから，火を消すというよりは，
火消しの人を火から守ったり，
まわりの建物に水をかけて，火
事が広がるのをふせぐために使
っていたようです。

自由研究のヒント

　パイプやぼうなどを使って，空気でっぽう
や水でっぽうを作ってみよう。また，玉や水
をいきおいよく飛ばすにはどうすればよいの
か，パイプの長さや太さ，水の出るあなの大
きさなどを変えて，調べてみよう。

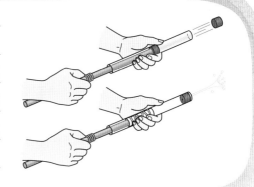

答え➡別冊解答9ページ

35 ほねときん肉①

とく点

/100点

おぼえよう

ほねときん肉　人の体には，ほねと，きん肉がある。

体にさわると，かたいほねと，やわらかいきん肉があることがわかる。

人のほね

人のきん肉

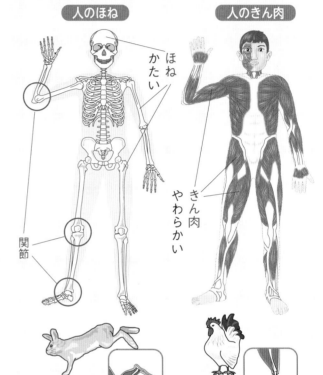

ほね
かたい

関節

きん肉
やわらかい

体の曲がるところ

人の体は，曲がるところがきまっている。ほねとほねのつなぎ目で，体が曲がるところを関節という。

関節は，うでや足だけでなく，体全体にある。

手や足を動かしたり，ものを持ったりできるのは，関節で曲げることができるからである。

関節

動物のほねときん肉

ウサギなどの動物の体にも，人と同じように，ほねときん肉があり，関節で曲がるようになっている。

ウサギ

ニワトリ

1 次の文は，人の体のつくりについて書いたものです。（　）にあてはまることばを，　　　　から選んで書きましょう。　（1つ20点）

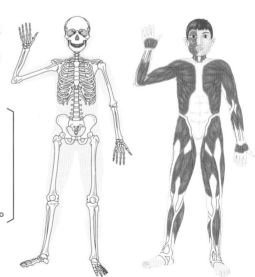

わたしたちの体には，ほねと，きん肉がある。体にさわると，かたい
① (　　　　　　　) と，やわらかい
② (　　　　　　　) があることがわかる。

ほね　　きん肉

2 右の図は，人の体のほねのようすを表した
ものです。（　）にあてはまることばを，
　　　　　　から選んで書きましょう。　（1つ10点）

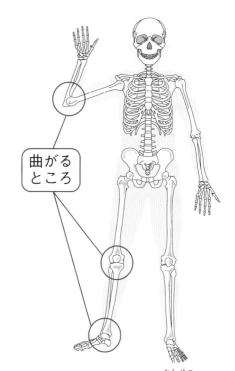

曲がる
ところ

　わたしたちの体には，曲がるところ
と，曲がらないところがあり，曲がる
ところを①（　　　　　　　）という。
　曲がるところは②（　　　　　　　）
のつなぎ目にある。

　上の図のように，手でものをつかめるのは，指にたくさんの関節が
あって，そこで指を③（　　　　　　　）ことができるからである。

ほねとほね　　きん肉　　関節　　くっつける　　曲げる

3 次の文の（　）にあてはまることばを，　　　　　から選んで書きましょう。

（1つ10点）

　ウサギやニワトリなどの動物の体にも，人の体と同じように，
かたい①（　　　　　　　）とやわらかい②（　　　　　　　）があり，
③（　　　　　　　）で曲がるようになっている。

ほね　　きん肉　　関節

ウサギ

ニワトリ

答え➡別冊解答10ページ

とく点

/100点

36 ほねときん肉②

1 右の図は，人の体のほねときん肉のようすを表したものです。これについて，次の問題に答えましょう。 （1つ10点）

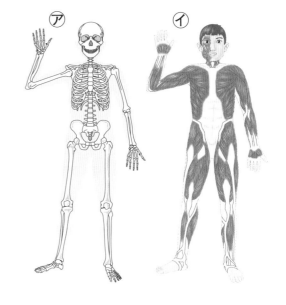

(1) 人の体のきん肉のようすを表しているのは，㋐，㋑のどちらですか。

（　　　）

(2) 体をさわったときに，ほかにくらべてかたいのは，ほねの部分ときん肉の部分のどちらですか。

（　　　）

2 右の図は，人の体のほねのようすを表したものです。これについて，次の問題に答えましょう。 （1つ10点）

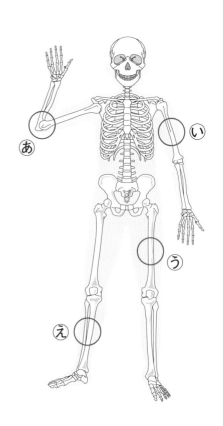

(1) 関節をしめしているのはどこですか。図の㋐～㋓から選びましょう。

（　　　）

(2) 関節は，体のどこにありますか。正しいものを，次の㋐～㋒から選びましょう。

（　　　）

　㋐ 関節は，うでだけにある。

　㋑ 関節は，うでと足だけにある。

　㋒ 関節は，体全体の，ほねとほねのつなぎ目にある。

3 人の体や動物の体について，次の問題に答えましょう。

（1つ10点）

(1) 次の文は，ほね，きん肉，関節のうちのどれについての説明(せつめい)ですか。それぞれ書きましょう。

① 体にさわったときに，かたく感じるもの。（　　　）

② ほねのまわりについている，やわらかい部分。（　　　）

③ ほねとほねのつなぎ目で，曲げることができるところ。

（　　　）

(2) 人の体のほねやきん肉について正しいものを，次の㋐～㋒から選びましょう。（　　）

㋐ ほねは，うでと足だけにしかないが，きん肉は全身にある。

㋑ きん肉は，うでと足だけにしかないが，ほねは全身にある。

㋒ ほねもきん肉も，全身にある。

(3) 人やウサギなどの動物の体について正しいものを，次の㋐～㋒から選びましょう。（　　）

㋐ 人の体には，ほねときん肉があるが，ウサギにはきん肉がない。

㋑ 人にもウサギにも，ほねときん肉がある。

㋒ 人には関節があるが，ウサギには関節がない。

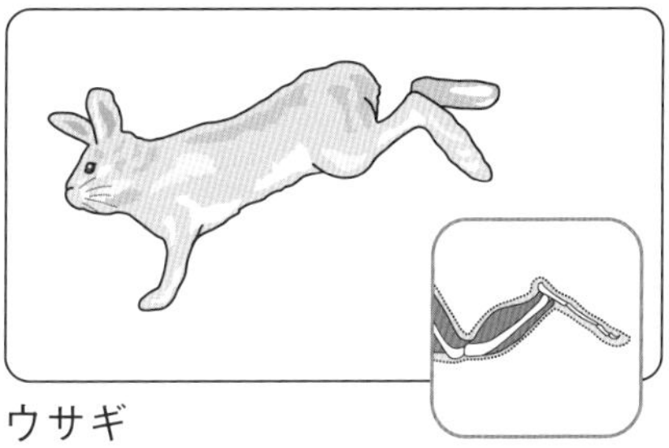

ウサギ

4 右の図は，人間の手を表したものです。関節の部分に，例(れい)のように，○を10こつけましょう。

（1つ1点）

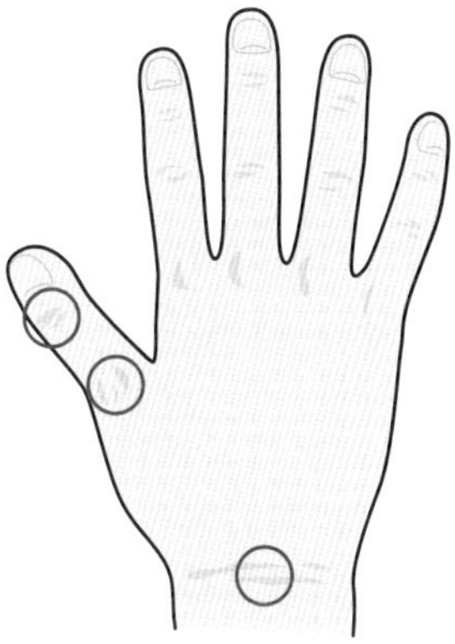

答え➡別冊解答10ページ

とく点

/100点

37 体を動かすしくみ①

おぼえよう

体を動かすしくみ

人は，ほねで体をささえ，きん肉がちぢんだり，ゆるんだりして，体を動かす。ほかの動物も人と同じように，ほねや関節，きん肉のはたらきで，体をささえたり，動かしたりしている。

体を動かすときの，きん肉のようす

[うでを曲げる]

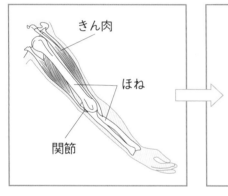

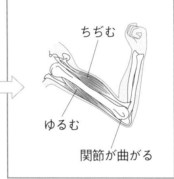

ものを持ち上げて力を入れたとき，きん肉がかたくなる。

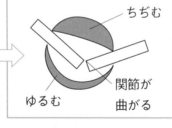

２つのほねにきん肉がついていて，きん肉がちぢむとちぢんだ側に関節が曲がる。

ものをおろして力をぬくと，きん肉がやわらかくなる。

1 次の文は，人の体のほねやきん肉のはたらきについて書いたものです。（　）にあてはまることばを，　　　　から選んで書きましょう。 （1つ10点）

人は，ほねで体を①（　　　　　　），きん肉が
②（　　　　　　）り，③（　　　　　　）りして，体を動かす。

ゆるんだ　　ちぢんだ　　ささえ

2

下の図[あ]は，うでを曲げたときのほねときん肉のようすで，図[い]はそのしくみをかんたんに表したものです。次の問題に答えましょう。　（1つ10点）

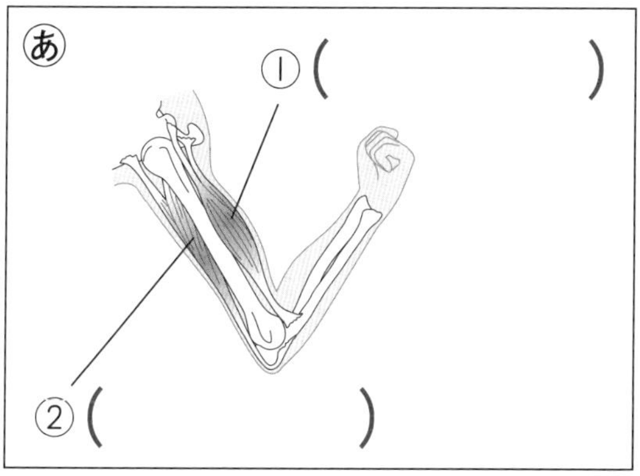

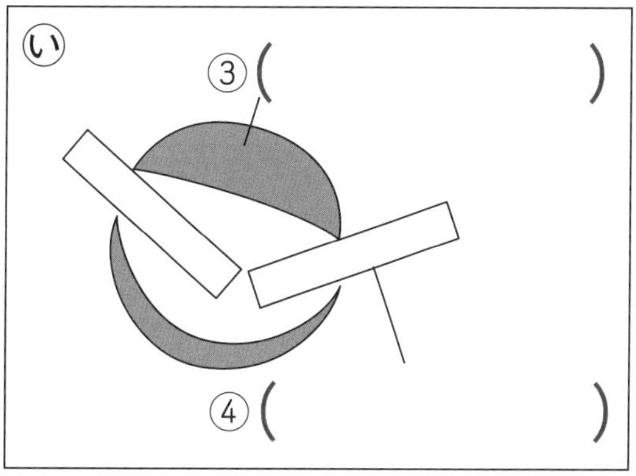

(1) うでを曲げたときに，①と②のきん肉はどうなりますか。図[あ]の中の(　)にあてはまることばを，右の　　から選んで書きましょう。

ゆるむ　ちぢむ

(2) 図[い]の③，④は，ほねときん肉のどちらを表していますか。図[い]の中の(　)に，ほねかきん肉を書きましょう。

(3) 次の文の(　)にあてはまることばを，右の　　から選んで書きましょう。

〔　２つのほねにきん肉がついていて，きん肉が(　　　　)側(がわ)に関節(かんせつ)が曲がる。〕

ゆるんだ　ちぢんだ

3

次の文は，右の図のように，手でおもりを持ったときのきん肉のようすについて書いたものです。(　)にあてはまることばを，　　から選んで書きましょう。

（1つ10点）

〔　おもりを持ち上げて力を入れたとき，㋐のきん肉は①(　　　　)なる。
　おもりをおろして力をぬくと，きん肉は②(　　　　)なる。〕

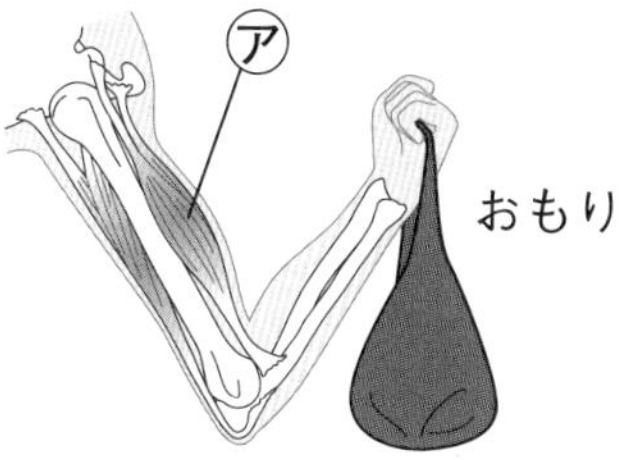

かたく　やわらかく

答え➡別冊解答10ページ

とく点

/100点

38 体を動かすしくみ②

1 右の図は，うでを曲げたり，のばしたりしたときのきん肉のようすを表したものです。これについて，次の問題に答えましょう。　（1つ10点）

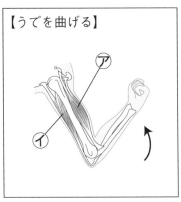

【うでを曲げる】　ア　イ

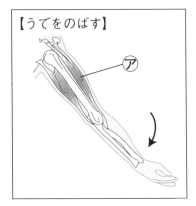

【うでをのばす】　ア

(1) うでを曲げたときにちぢむきん肉は，ア，イのどちらですか。　　（　　　）

(2) うでを曲げたときに力を入れてかたくなるきん肉は，ア，イのどちらですか。　　（　　　）

(3) うでをのばすときには，きん肉は，曲げるときと反対にのびちぢみします。うでをのばすときにアのきん肉は，ちぢみますか，ゆるみますか。　　（　　　　　）

2 右の図は，足を曲げたり，のばしたりしたときのきん肉のようすを表したものです。これについて，次の問題に答えましょう。　（1つ10点）

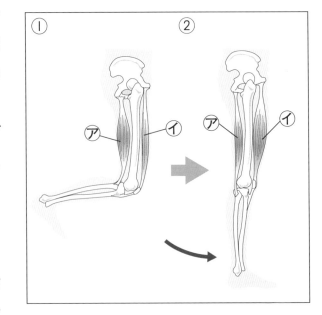

① ② ア イ ア イ

(1) ①のように，足をひざで曲げているときにちぢんでいるきん肉は，ア，イのどちらですか。　　（　　　）

(2) ①のように曲げていた足を，②のようにのばすときにちぢむきん肉は，ア，イのどちらですか。　　（　　　）

3 体を動かすしくみについて正しいものを，次の㋐～㋕から２つ選(えら)びましょう。

（１つ10点）

(　　)(　　)

㋐　人の体は，きん肉とほねの両方がのびちぢみすることによって動く。

㋑　人の体は，きん肉がちぢんだり，ゆるんだりすることによって動く。

㋒　人の体は，ほねが曲がることによって動く。

㋓　関節(かんせつ)は，きん肉がちぢんだ側(がわ)に曲がる。

㋔　関節は，きん肉がゆるんだ側に曲がる。

㋕　関節は，きん肉がついていない側に曲がる。

4 下の図は，人のほねやきん肉のはたらきを調べるための，うでのもけいです。これについて，次の問題に答えましょう。

（１つ10点）

(1)　このもけいでは，ゴムと板で，うでのほねときん肉を表しています。ゴムは，ほねときん肉のどちらを表していますか。

(　　　　　　)

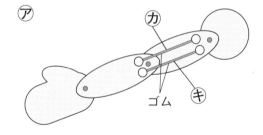

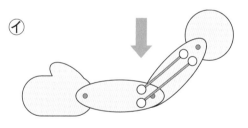

(2)　このもけいを，㋐のようにまっすぐのじょうたいから，㋑のように曲げます。㋕，㋖のゴムの長さは，㋐のときとくらべて，長くなりますか，短くなりますか，変(か)わりませんか。それぞれ書きましょう。

㋕(　　　　　　)

㋖(　　　　　　)

答え➡別冊解答10ページ

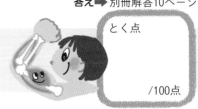

39 単元（たんげん）のまとめ

とく点

/100点

1 **右の図は，人のほねのようすを表したものです。これについて，次の問題に答えましょう。**（１つ８点）

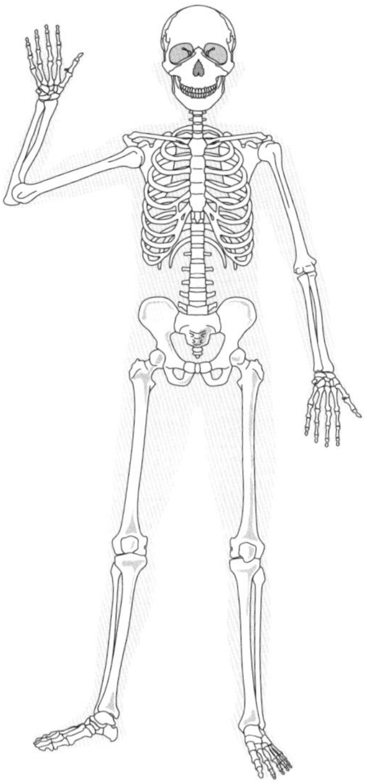

(1)　人は，ほねとほねとのつなぎ目の部分で，体を曲げることができます。このつなぎ目を何といいますか。　（　　　　）

(2)　(1)で答えたほねとほねのつなぎ目について正しいものを，次の㋐～㋒から選（えら）びましょう。　（　　）

㋐　体中にたくさんある。

㋑　手や足の指にだけある。

㋒　体中にあるが，手や足にはない。

(3)　人が体を動かすしくみについて正しいものを，次の㋐～㋒から選びましょう。　（　　）

㋐　図のようなほねだけで体を動かしている。

㋑　図のようなほねのほかに，きん肉のはたらきによって体を動かしている。

㋒　体を動かすのはきん肉だけのはたらきで，ほねは体をささえるはたらきしかない。

(4)　ウサギやニワトリのほねについて正しいものを，次の㋐～㋒から選びましょう。　（　　）

㋐　ウサギやニワトリにも，人のほねと同じはたらきをするほねがある。

㋑　ウサギやニワトリにもほねがあるが，そのはたらきは人のほねとはちがう。

㋒　ウサギやニワトリには，人にあるようなほねはない。

2 右の図は，人のうでのほねや関節，きん肉を，もけいで表したものです。これについて，次の問題に答えましょう。 （1つ10点）

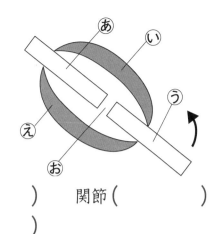

(1) あ〜おは，「ほね」「関節」「きん肉」を表しています。それぞれ，あてはまるものを，あ〜おからすべて選びましょう。

ほね （　　　　　）　　　関節 （　　　　　）

きん肉 （　　　　　）

(2) 人の体をささえるはたらきをしているのはどれですか。あ〜おからすべて選びましょう。 （　　　　　）

(3) うでをやじるしの向きに曲げます。

① ちぢむのはどれですか。あ〜おから選びましょう。

（　　　）

② ゆるむのはどれですか。あ〜おから選びましょう。

（　　　）

3 右の図のように，手でおもりを持ちました。あ，いのきん肉はどうなりますか。次のア〜エから選びましょう。 （8点）

（　　　）

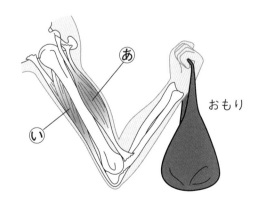

おもり

ア あのきん肉がゆるみ，いのきん肉がちぢむ。

イ あのきん肉がちぢみ，いのきん肉がゆるむ。

ウ あのきん肉といのきん肉の，両方がちぢむ。

エ あのきん肉といのきん肉の，両方がゆるむ。

答え➡別冊解答11ページ

40 空気や水の体積と温度①

とく点

/100点

おぼえよう

空気の体積と温度

・空気は，あたためられると体積が大きくなり，冷やされると体積が小さくなる。

空気の体積が小さくなると水の位置が下がり，空気の体積が大きくなると，水の位置が上がる。

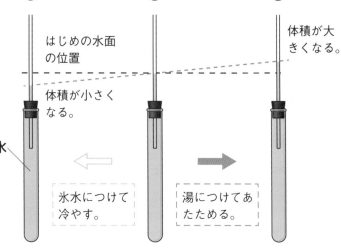

水

体積が大きくなる。

水

はじめの水の位置

水

空気

体積が小さくなる。

氷水につけて冷やす。

湯につけてあたためる。

水の体積と温度

・水も，あたためられると体積が大きくなり，冷やされると体積が小さくなる。

体積が大きくなる。

はじめの水面の位置

体積が小さくなる。

空気と水の体積の変わり方

・温度による体積の変わり方は，空気のほうが水よりも，ずっと大きい。

水

氷水につけて冷やす。

湯につけてあたためる。

---

1 右の図のように，水を入れたガラス管をつけた試験管を，氷水につけて冷やしたり，湯につけてあたためたりしました。次の文の（　）にあてはまることばを，　　　から選んで書きましょう。　（1つ10点）

水

空気

　右の図のようにした試験管を氷水につけて冷やすと，ガラス管の中の水の位置は①（　　　　　）。また，湯につけてあたためると，水の位置は②（　　　　　）。

上がる　　下がる

2 右の図のように，ガラス管をつけて水を入れた試験管を，氷水につけて冷やしたり，湯につけてあたためたりしました。次の文の（　）にあてはまることばを，　　　から選んで書きましょう。

（1つ10点）

水面の位置

水

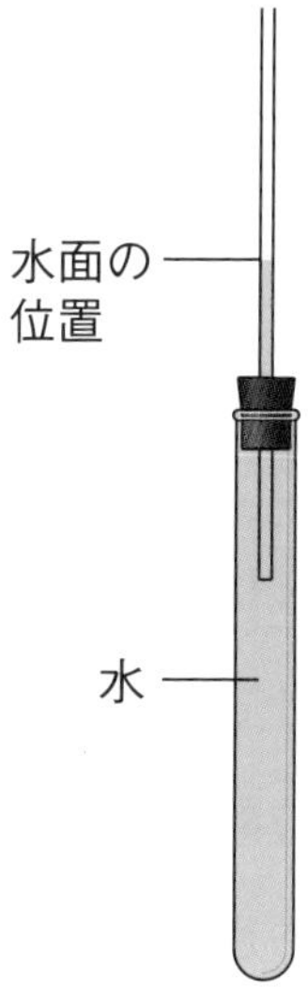

> 右の図のようにした試験管を氷水につけて冷やすと，ガラス管の中の水面の位置は①（　　　　　　）。また，湯につけてあたためると，水の位置は②（　　　　　　）。

上がる　　下がる

3 空気の体積と温度について，次の文の（　）にあてはまることばを，　　　から選んで書きましょう。

（1つ10点）

> 空気は，あたためられると体積が①（　　　　　　）なり，冷やされると②（　　　　　　）なる。

大きく　　小さく

4 水の体積と温度について，次の文の（　）にあてはまることばを，　　　から選んで書きましょう。

（1つ10点）

> 水は，あたためられると体積が①（　　　　　　）なり，冷やされると②（　　　　　　）なる。

大きく　　小さく

5 温度による空気や水の体積の変わり方について，次の文の（　）にあてはまることばを，　　　から選んで書きましょう。

（20点）

> 温度による空気と水の体積の変わり方は，空気のほうが水よりもずっと（　　　　　　）。

大きい　　小さい

とく点

/100点

41 空気や水の体積と温度②

1 　右の図のように，水を入れた
ガラス管をつけた試験管を，氷
水につけて冷やしたり，湯につ
けてあたためたりすると，水の
位置が上がったり，下がったり
しました。これについて，次の
問題に答えましょう。（1つ10点）

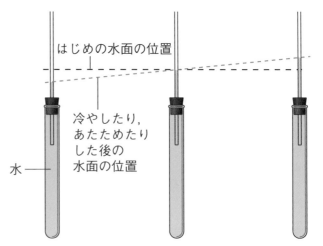

（1）　空気の体積が大きくなるの
は，空気をあたためたときと，
冷やしたときのどちらですか。　　　　　（　　　　　　　　）

（2）　ガラス管の中の水の位置が下がるのは，空気をあたためたときと，冷や
したときのどちらですか。　　　　　（　　　　　　　　）

2 　右の図のように，ガラス管を
つけて水を入れた試験管を，氷
水に入れて冷やしたり，湯につ
けてあたためたりすると，水面
の位置が上がったり，下がった
りしました。これについて，次
の問題に答えましょう。

（1つ10点）

（1）　水の体積が小さくなるのは，水をあたためたときと，冷やしたときのど
ちらですか。　　　　　（　　　　　　　　）

（2）　ガラス管の中の水面の位置が下がるのは，水をあたためたときと，冷や
したときのどちらですか。　　　　　（　　　　　　　　）

3 **右の図のように，水を入れたガラス管をつけた試験管と，ガラス管をつけて水を入れた試験管を，あたためたり冷やしたりして，それぞれの体積の変わり方と，温度について調べました。これについて，次の問題に答えましょう。** （１つ15点）

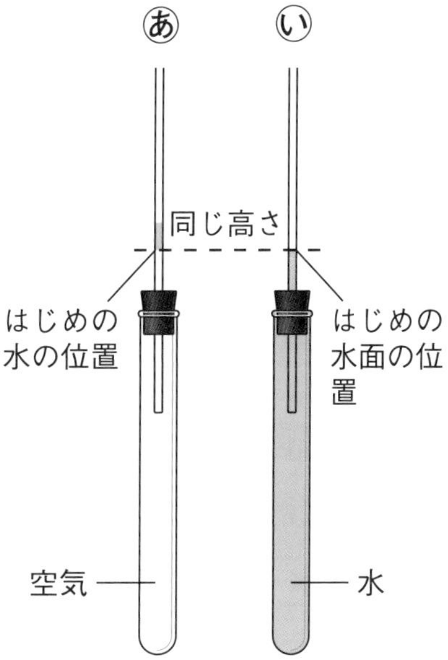

(1) はじめ，[あ]の管の水の位置と，[い]の管の水面の位置は同じ高さでした。２本の試験管をいっしょに湯につけ，しばらくして水の位置と水面の位置をくらべると，どうなっていますか。次の㋐～㋒から選びましょう。 （　　）

㋐ [あ]の水の位置が，[い]の水面の位置よりも，高くなっている。

㋑ [あ]の水の位置が，[い]の水面の位置よりも，低くなっている。

㋒ [あ]の水の位置と，[い]の水面の位置が，同じ高さになっている。

(2) (1)のようになるのはどうしてですか。次の㋐～㋒から選びましょう。 （　　）

㋐ 温度による体積の変わり方は，水よりも空気のほうが大きいから。

㋑ 温度による体積の変わり方は，空気よりも水のほうが大きいから。

㋒ 温度による体積の変わり方は，空気も水も同じだから。

4 **右の図は，空気を入れてふくらませたビニルのボールです。これについて，次の問題に答えましょう。**（１つ15点）

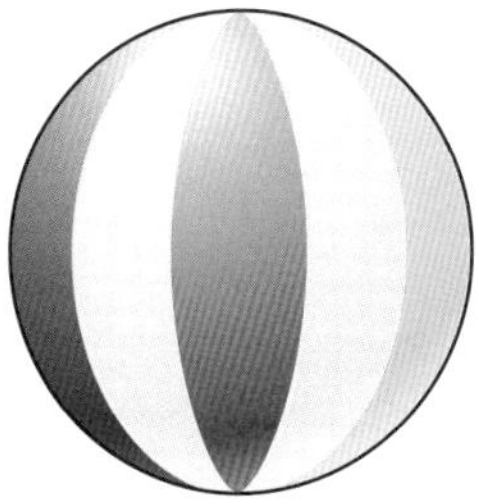

(1) このボールを，冷たい水につけるとどうなりますか。下の㋐～㋒から選びましょう。 （　　）

(2) このボールを，熱い湯につけるとどうなりますか。次の㋐～㋒から選びましょう。 （　　）

㋐ パンパンにふくらむ。

㋑ 少ししぼむ。

㋒ 変わらない。

42 金ぞくの体積と温度①

おぼえよう

金ぞくの体積と温度

金ぞくも，熱せられると体積が変わる。

熱せられたとき 体積が大きくなる。

冷やされたとき 体積が小さくなる。

空気・水・金ぞくの体積の変わり方

温度による体積の変わり方は，空気が最も大きく，金ぞくが最も小さい。

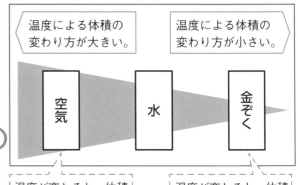

温度による体積の変わり方が大きい。

温度による体積の変わり方が小さい。

空気　水　金ぞく

温度が変わると，体積が大きく変わる。

温度が変わると，体積が変わるが，変わり方は小さい。

金ぞくの体積の変化をたしかめる

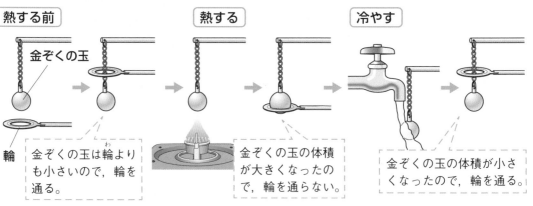

熱する前　熱する　冷やす

金ぞくの玉

輪

金ぞくの玉は輪よりも小さいので，輪を通る。

金ぞくの玉の体積が大きくなったので，輪を通らない。

金ぞくの玉の体積が小さくなったので，輪を通る。

1 下の図は，金ぞくの玉を熱したり，冷やしたりしたときに，体積が変わることをたしかめたときのようすです。それぞれ，金ぞくの玉の体積は大きくなりましたか，小さくなりましたか。（　）に書きましょう。

（1つ10点）

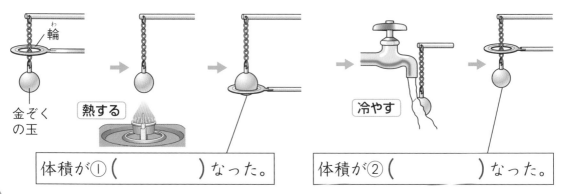

輪

金ぞくの玉

熱する

冷やす

体積が①（　　　　）なった。

体積が②（　　　　）なった。

2 下の図は，金ぞくの玉を熱したり，冷やしたりしたときのようすを表したものです。（　）にあてはまることばを，　　　　から選んで書きましょう。　（1つ10点）

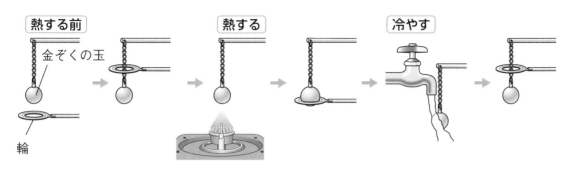

(1)　金ぞくは，熱せられると体積が（　　　　　　　　　　）。

(2)　金ぞくは，冷やされると体積が（　　　　　　　　　　）。

　　　大きくなる　　小さくなる　　変わらない

3 空気・水・金ぞくを，温度による体積の変わり方が大きいほうから順に書きましょう。　（1つ10点）

　　←体積の変わり方が大きい　　　　体積の変わり方が小さい→

　　①（　　　　　）　　②（　　　　　）　　③（　　　　　）

4 右の図のように，輪を通る大きさの金ぞくの玉があります。これについて，次の問題に答えましょう。　（1つ15点）

(1)　この金ぞくの玉が輪を通らなくなるのは，金ぞくの玉を熱したときですか，冷やしたときですか。

　　　　　　（　　　　　　　　　　）

(2)　輪を通らなくなった金ぞくの玉を，もういちど輪を通るようにするには，金ぞくの玉を熱しますか，冷やしますか。　　（　　　　　　　　　　）

43 金ぞくの体積と温度②

とく点

/100点

1 右の図のように、輪をちょうど通る大きさの金ぞくの玉を熱すると、輪を通らなくなりました。これについて、次の問題に答えましょう。

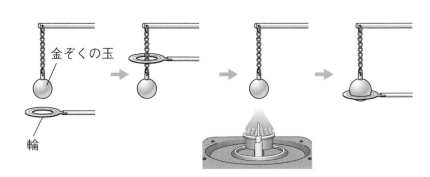

金ぞくの玉

輪

（1つ10点）

(1) 輪を通らなくなったのは、金ぞくの玉が熱せられて、どうなったからですか。　（　　　　　　　　）

(2) 金ぞくの玉がもういちど輪を通るようにするには、どうすればよいですか。次の㋐、㋑から選びましょう。　（　　）

　㋐　さらに熱する。

　㋑　水で冷やす。

2 右の図のように、輪をちょうど通る大きさの金ぞくの玉を、冷やしました。これについて、次の問題に答えましょう。

（1つ10点）

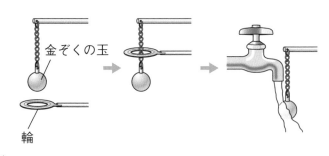

金ぞくの玉

輪

(1) 金ぞくの玉を冷やすと、体積はどうなりますか。

（　　　　　　　　）

(2) 冷やした後、もういちど輪を通そうとするとどうなりますか。次の㋐、㋑から選びましょう。　（　　）

　㋐　輪を通る。　　　㋑　輪を通らない。

3

次の文は，空気・水・金ぞくの，温度による体積の変わり方について書いたものです。それぞれ，どれについて書いたものですか。(　)に書きましょう。(全部にあてはまるときは「全部」と書きましょう。あてはまるものがないときは「×」と書きましょう。)

(1つ8点)

①(　　　　　　　)熱すると，体積が小さくなる。

②(　　　　　　　)冷やすと，体積が小さくなる。

③(　　　　　　　)空気・水・金ぞくの中で，温度による体積の変わり方が，いちばん大きい。

④(　　　　　　　)空気・水・金ぞくの中で，温度による体積の変わり方が，いちばん小さい。

⑤(　　　　　　　)温度が変わっても，体積はまったく変わらない。

4

温度とものの体積について，次の問題に答えましょう。

(1つ10点)

(1)　金ぞくでできたふたが開かないとき，右の図のようにしてあたためると，ふたが開きました。そのわけを，次の㋐～㋓から選びましょう。

(　　　)

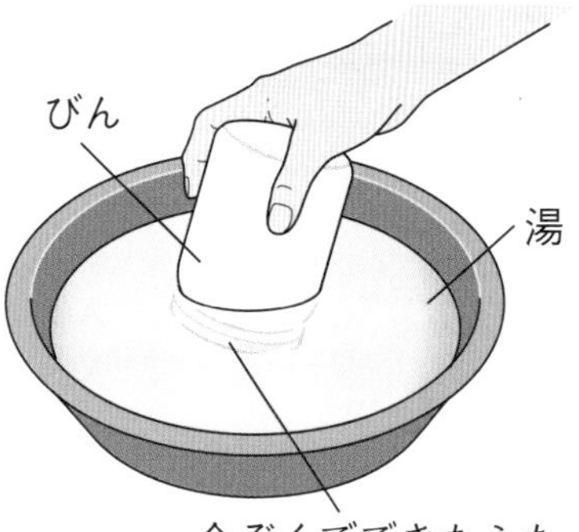

㋐　あたためられて，びんが大きくなったから。

㋑　あたためられて，びんが小さくなったから。

㋒　あたためられて，ふたが大きくなったから。

㋓　あたためられて，ふたが小さくなったから。

(2)　鉄道のレール（金ぞく）を見ると，つなぎ目にすき間があいていました。これは何のためですか。次の㋐～㋓から選びましょう。

(　　　)

㋐　冬に寒さでレールがのびても，事こが起こらないようにするため。

㋑　冬に寒さでレールがちぢんでも，事こが起こらないようにするため。

㋒　夏に暑さでレールがのびても，事こが起こらないようにするため。

㋓　夏に暑さでレールがちぢんでも，事こが起こらないようにするため。

答え➡ 別冊解答11ページ

44 実験用ガスこんろとアルコールランプの使い方①

とく点

/100点

おぼえよう

実験用ガスこんろの使い方

金具

実験用ガスこんろ

調節つまみ

ガスボンベ

〔点けんすること〕
ガスボンベは正しくとりつけられているか。

してはいけないこと

× 不安定なところに置く。
× 火をつけたまま動かす。
× まわりに，もえやすいものを置く。

火のつけ方

調節つまみを，「点火」のほうへカチッと音がするまで回して火をつけ，火がついたらほのおの大きさを調節する。

火の消し方

調節つまみを「消」まで回し火を消す。ガスこんろやガスボンベが冷えたらガスボンベを外し，もう一度つまみを「点火」まで回して中に残ったガスをもやす。

アルコールランプの使い方

ふた
しん
アルコール

アルコールランプ

〔点けんすること〕
・ガラスにひびが入っていないか。
・アルコールは8分目くらいまで入っているか。
・しんの長さはちょうどよいか。

してはいけないこと

× 不安定なところに置く。
× 火をつけたまま手に持つ。
× 火をつけたまま，アルコールをつぎ足す。
× 別のアルコールランプの火で火をつける。

火のつけ方

アルコールランプの下をおさえながらふたをとり，マッチをすって，静かに横から近づける。

水か，すなを入れておく。　ぬらしたぞうきん

火の消し方

ふたをななめ上から静かにかぶせる。火が消えたらふたをとり，冷えてから，ふたたびふたをする。

---

1 右の図は，実験用ガスこんろを表したものです。ほのおの大きさを調節するものを，図のア〜ウから選びましょう。

（1つ7点）

（　　　）

2 右の図は，アルコールランプを表したものです。 □ にあてはまる名前を， から選んで書きましょう。 （1つ8点）

ふた　　しん　　アルコール

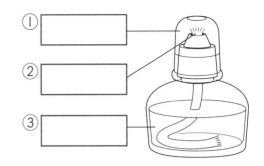

①
②
③

3 次の文は，実験用ガスこんろを使うときの注意について書いたものです。正しいものには〇を，まちがっているものには×を書きましょう。 （1つ9点）

① (　　　) 不安定なところに置かない。

② (　　　) まわりに，もえやすいものを置かない。

③ (　　　) 実験用ガスこんろに火をつけた後は，ほのおの大きさは変えない。

④ (　　　) 火をつけたまま，実験用ガスこんろを動かしたり持ち歩いたりしない。

⑤ (　　　) 火を消した後は，実験用ガスこんろやガスボンベが冷えないうちに，ガスボンベを外す。

4 次の文は，アルコールランプを使う前に点けんすることを書いたものです。（　）にあてはまることばを， から選んで書きましょう。 （1つ8点）

(1) ガラスに (　　　) が入っていないかどうか調べる。

(2) アルコールは，(　　　) くらいまで入っているかどうか調べる。

(3) (　　　) の長さはちょうどよいかどうか調べる。

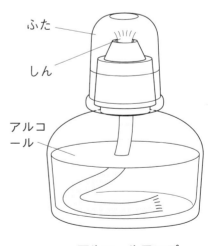

アルコールランプ

3分目　　8分目　　ひび　　しん　　ほのお

答え➡別冊解答12ページ

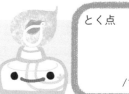

45 実験用ガスこんろとアルコールランプの使い方②

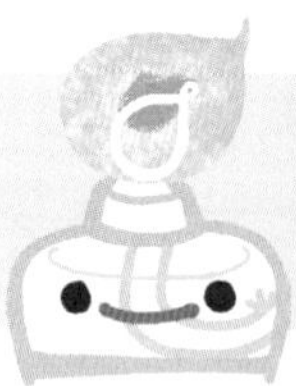

とく点

/100点

1 下の図は，実験用ガスこんろを表したものです。これについて，次の問題に答えましょう。（1つ8点，(2)は両方できて8点）

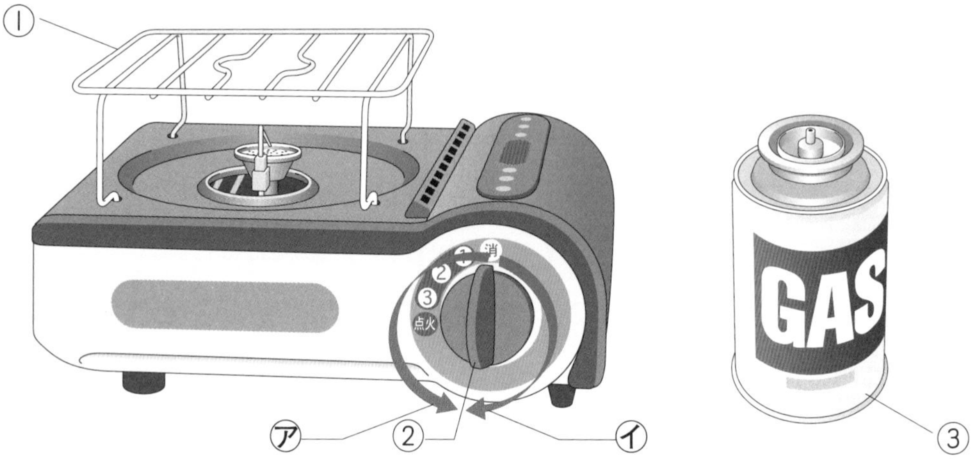

(1) ①～③にあてはまる名前を，［　］から選んで書きましょう。

①（　　　　　　）
②（　　　　　　）
③（　　　　　　）

ガスボンベ　　調節つまみ　　金具

(2) 火をつけるときと消すときの②を回す向きを，㋐，㋑からそれぞれ選びましょう。

火をつけるとき（　　）
火を消すとき　（　　）

(3) 次の文は，実験用ガスこんろを使うときの注意を書いたものです。（　）にあてはまることばを，［　］から選んで書きましょう。

〔　実験用ガスこんろは①（　　　　　　）ところに置き，火を消した後は，②（　　　　　　）ガスボンベをとり外す。〕

不安定な　　安定した　　冷えてから　　冷えないうちに

2 アルコールランプの火のつけ方について，次の問題に答えましょう。

（1つ8点）

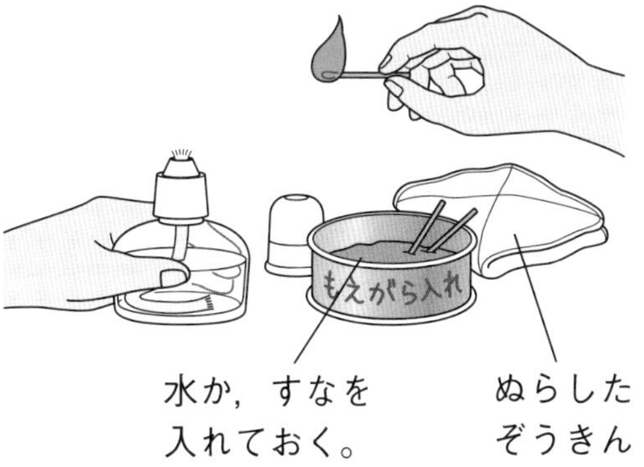
もえがら入れ
水か，すなを入れておく。
ぬらしたぞうきん

(1) アルコールランプのふたをとるときは，どのようにしますか。次の㋐，㋑から選びましょう。

（　　）

㋐ アルコールランプの下をおさえながらとる。

㋑ アルコールランプのふた以外のところには，さわらないようにしながらとる。

(2) マッチをするのは，アルコールランプのふたをとる前ですか，とった後ですか。 （　　　　）

(3) 火はどのようにしてつけますか。次の ㋐～㋓から選びましょう。

（　　）

㋐ マッチの火をアルコールランプのしんに，上からすばやく近づける。

㋑ マッチの火をアルコールランプのしんに，上から静かに近づける。

㋒ マッチの火をアルコールランプのしんに，横からすばやく近づける。

㋓ マッチの火をアルコールランプのしんに，横から静かに近づける。

3 次の文は，アルコールランプの使い方について書いたものです。正しいものには○を，まちがっているものには×を書きましょう。

（1つ7点）

①（　　）１回使った後，別の場所で使うときは，火をつけたり消したりしなくてすむように，火をつけたまま持っていく。

②（　　）アルコールランプは，ぐらぐらする台の上などには置かない。

③（　　）使っていると中でアルコールが足りなくなったら，火は消さずに，いそいでアルコールをつぎ足す。

④（　　）アルコールランプの火で，別のアルコールランプに火をつけてはいけない。

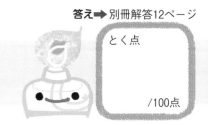

答え➡別冊解答12ページ

とく点　　/100点

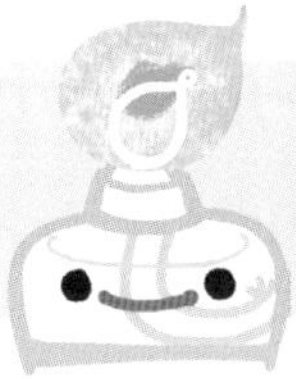

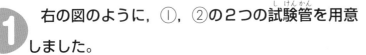

46 単元のまとめ

1

右の図のように，①，②の２つの試験管を用意しました。

①の試験管…空気が入っていて，水を入れたガラス管がついている。
②の試験管…水が入っていて，ガラス管がついている。

これについて，次の問題に答えましょう。

（１つ12点）

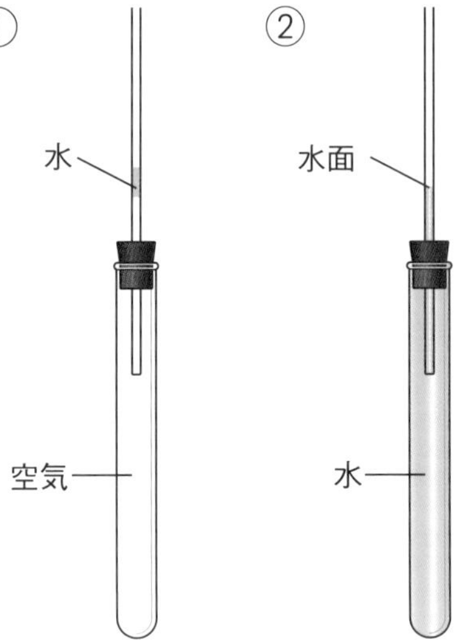

(1)　①の試験管を湯につけてあたためると，水の位置が上がりました。その理由として正しいものを，次の㋐～㋓から選びましょう。（　　）

㋐　あたためられて，空気の重さが重くなったから。

㋑　あたためられて，空気の重さが軽くなったから。

㋒　あたためられて，空気の体積が大きくなったから。

㋓　あたためられて，空気の体積が小さくなったから。

(2)　②の試験管も湯につけてあたためると，水面の位置が上がりました。(1)のときの①の水の位置とくらべると，水面の位置はどうなっていますか。次の㋐～㋒から選びましょう。（　　）

㋐　①の水の位置のほうが高くなっている。

㋑　②の水面の位置のほうが高くなっている。

㋒　①の水の位置と②の水面の位置は，同じ高さになっている。

(3)　①の水の位置や②の水面の位置を，はじめよりも下げるにはどうすればよいですか。次の㋐，㋑から選びましょう。（　　）

㋐　試験管を，もっとあたためる。

㋑　試験管を冷やす。

2

下の図のように，ちょうど輪を通る大きさの金ぞくの玉を使い，金ぞくの体積と温度について調べました。これについて，次の問題に答えましょう。　（1つ12点）

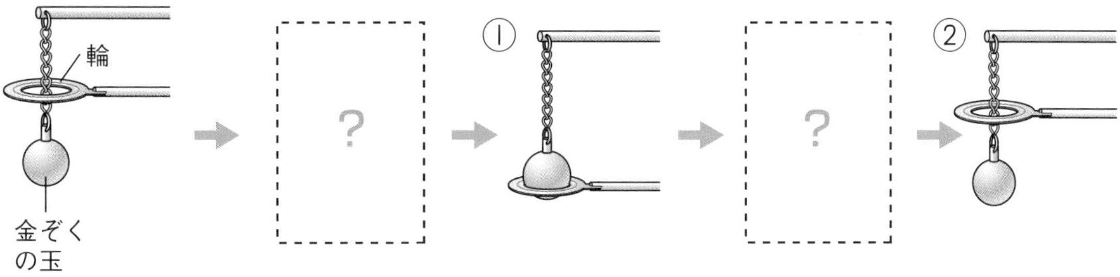

(1)　図の①で，はじめに輪を通った金ぞくの玉が輪を通らなくなったのはどうしてですか。次の㋐，㋑から選びましょう。　（　　）

㋐　金ぞくの玉の体積が大きくなったから。

㋑　金ぞくの玉の体積が小さくなったから。

(2)　金ぞくの玉の体積を，(1)のようにするにはどうすればよいですか。次の㋐，㋑から選びましょう。　（　　）

㋐　金ぞくの玉を熱する。　　㋑　金ぞくの玉を冷やす。

(3)　図の②のように，①で輪を通らなくなった金ぞくの玉を，もういちど輪を通るようにするにはどうすればよいですか。(2)の㋐，㋑から選びましょう。　（　　）

3

実験用ガスこんろやアルコールランプの使い方について，次の問題に答えましょう。　（1つ14点）

(1)　次の㋐～㋒を，実験用ガスこんろの火を消すときの順に書きましょう。
（　　→　　→　　）

㋐　つまみを回して火をつけ，火が消えてから，つまみを「消」まで回す。

㋑　つまみを「消」まで回して火を消す。

㋒　ガスこんろやガスボンベが冷えてから，ガスボンベを外す。

(2)　アルコールランプの火はどのように消しますか。次の㋐～㋒から選びましょう。　（　　）

㋐　息をふきかけて消す。　　㋑　水をかけて消す。

㋒　アルコールランプのふたをかぶせて消す。

温度による体積の変化は何に利用される?

気球はどうして空にうかぶの?

お祭りなどで売っているフワフワうかぶ風船には, ヘリウムというガスが入っています。ヘリウムは空気よりも軽いので, 風船がうくのです。飛行船もしくみはこの風船と同じで, エンベロープとよばれる大きな「ふくろ」にヘリウムが入っています。

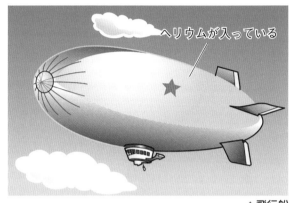

ヘリウムが入っている

▲飛行船

風船や飛行船とにたものに気球があります。でも, 気球にはヘリウムなどのガスは入っていません。中にあるのはふつうの空気です。では, 気球はどうやって空中にうかぶのでしょうか。

気球の下には, 気球の中の空気をあたためるガスバーナーが取りつけられています。このガスバーナーを調節して, 上空にのぼったり, 地上におりたりするのです。

空気はあたたまると, 体積が大きくなることを学習しました。体積が大きくなっても, その空気の重さは変わりませんから, 同じ体積でくらべれば, あたためる前よりも軽くなるのです。

このため, 気球の中の空気はまわりの空気よりも軽くなり, 気球がふわりとうかび上がるというわけです。

空気が
入っている

ガス
バーナー

▲気球

この単元では，空気や水，金ぞくの体積と温度の関係について学習しました。ここでは，気球やガリレイが発明した温度計について調べてみましょう。

ガリレイが発明した温度計

　温度計は，ガラス管をつけた小さな球の中に灯油や水銀を入れ，ガラス管の中の灯油や水銀の高さによって，温度をはかります。

　温度計を発明したのは，イタリアの学者ガリレオ・ガリレイだろうといわれています。

　ただし，ガリレイが発明した温度計は，えき体の体積の変化を利用したものではなく，空気の体積が変化することを利用したものでした。

　フラスコを熱すると，中の空気の体積が大きくなります。熱するのをやめてこのフラスコを水に立てると，空気は冷えて体積が小さくなり，その分，フラスコの中に水がすい上げられるというわけです。

　ただし，この温度計はあまりせいかくではなく，目もりなどもついていませんでした。

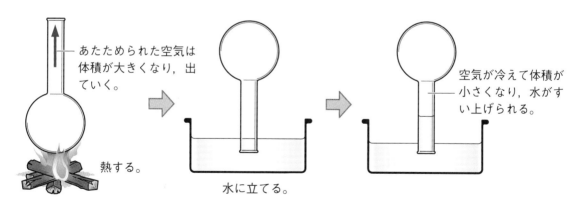

あたためられた空気は体積が大きくなり，出ていく。

熱する。

水に立てる。

空気が冷えて体積が小さくなり，水がすい上げられる。

自由研究のヒント

　風船やビニルのボールに空気を入れ，あたためたり冷やしたりしたときのようすの変化を見てみよう。また，そのとき重さは変化するかどうかも調べてみよう。

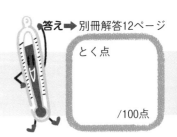

答え➡別冊解答12ページ

とく点

/100点

47 金ぞくのあたたまり方①

おぼえよう

金ぞくのあたたまり方　金ぞくは熱せられたところから熱が伝わり，遠いほうへ順にあたたまっていく。

金ぞくのあたたまり方の調べ方　金ぞくのぼうや板にろうをぬって熱すると，あたたまったところから，ろうがとけていく。

金ぞくのぼうのあたたまり方

[ぼうのはしを熱したとき]

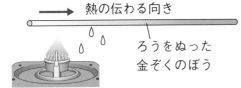

熱の伝わる向き

ろうをぬった金ぞくのぼう

[ぼうの中央を熱したとき]

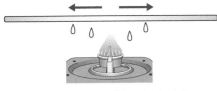

[ぼうをななめにして熱したとき]

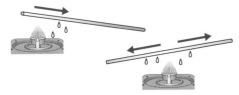

ぼうをななめにしても，熱の伝わり方は変わらない。

金ぞくの板のあたたまり方

[板の角を熱したとき]

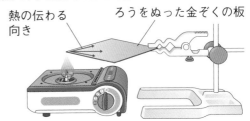

熱の伝わる向き

ろうをぬった金ぞくの板

[切りこみを入れた板を熱したとき]

[板の中央を熱したとき]

熱しているところ

1 下の図は，金ぞくのぼうを熱したときに，ぼうがあたたまるようすを表したものです。熱が伝わっていく向きを，□□に➡でかきましょう。　　　（1つ5点）

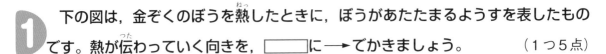

(1)

(2)

2 下の図は，金ぞくのぼうをななめにして熱したときのようすを表したものです。熱が伝わっていく向きを，□□に ─→ でかきましょう。 （1つ5点）

(1)　　　　　　　　　　　　　　　　(2)

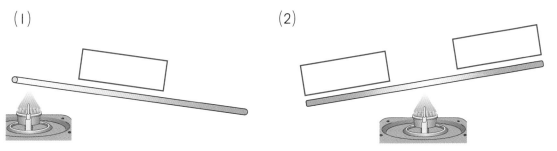

3 下の図は，金ぞくの板を熱したときのようすを，上から見たものです。熱が伝わっていく向きを，□□に ─→ でかきましょう。 （1つ5点）

(1)　　　　　　　(2)　　　　　　　(3)

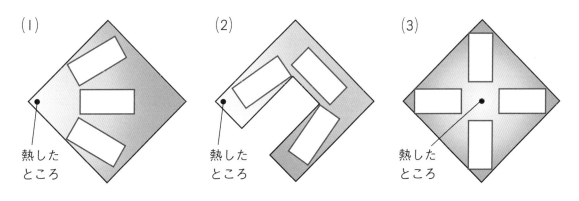

熱した　　　　　熱した　　　　　熱した
ところ　　　　　ところ　　　　　ところ

4 右の図のように，金ぞくを熱したときのあたたまり方を調べました。（ ）にあてはまることばを，　　　から選んで書きましょう。 （1つ10点）

　金ぞくは，熱せられたところ
から①（　　　）が伝わって，
②（　　　）ほうへ順にあたた
まっていく。

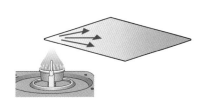

音　　熱　　近い　　遠い

48 金ぞくのあたたまり方②

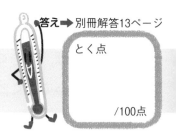

答え➡別冊解答13ページ

とく点

/100点

1 下の図１～図４は，金ぞくのぼうをあたためたときのようすを表したものです。これについて，次の問題に答えましょう。（１つ５点）

図１

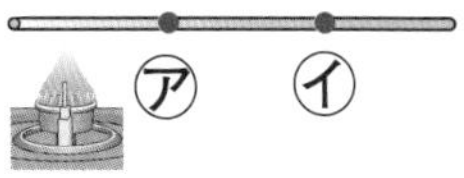

図２

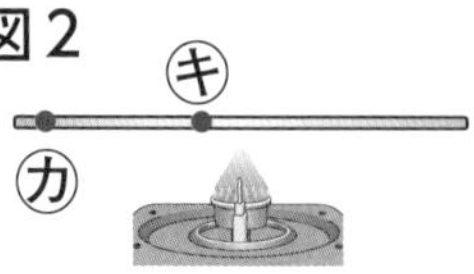

図３

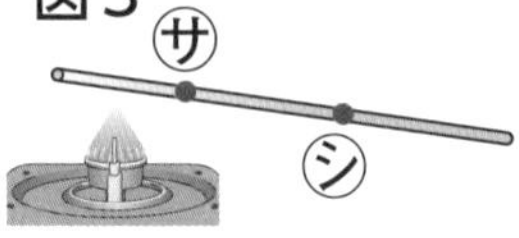

図４

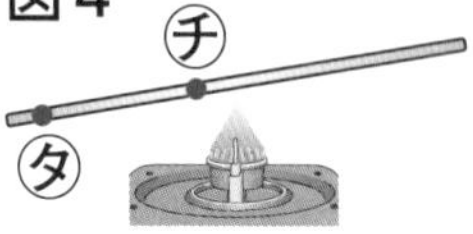

(1)　図１のようにして熱(ねっ)したとき，先にあたたまるのは㋐，㋑のどちらですか。（　　）

(2)　図２のようにして熱したとき，先にあたたまるのは㋕，㋖のどちらですか。（　　）

(3)　図３のようにして熱したとき，先にあたたまるのは㋚，㋛のどちらですか。（　　）

(4)　図４のようにして熱したとき，先にあたたまるのは㋟，㋠のどちらですか。（　　）

2 下の図１～図３は，金ぞくの板をあたためたときのようすを表したものです。これについて，次の問題に答えましょう。（１つ10点）

図１

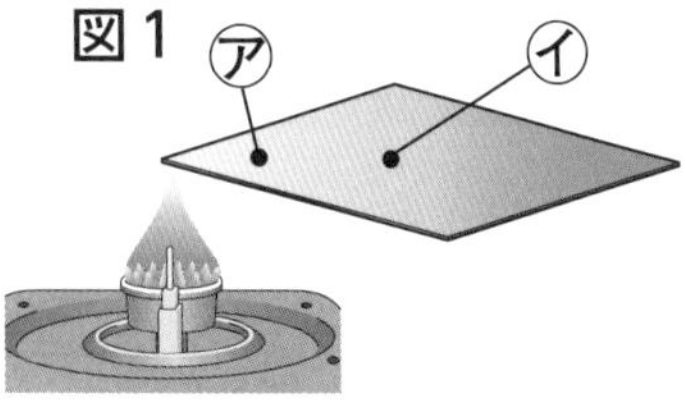

図２

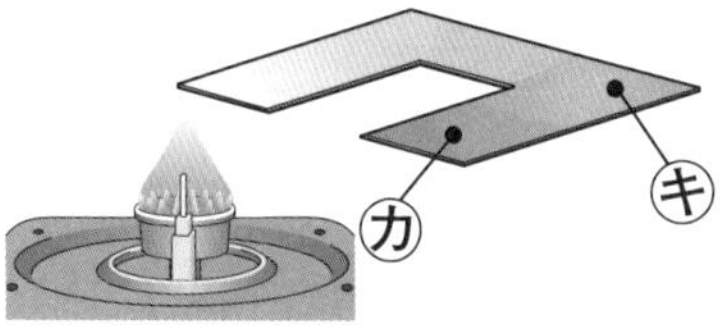

図３

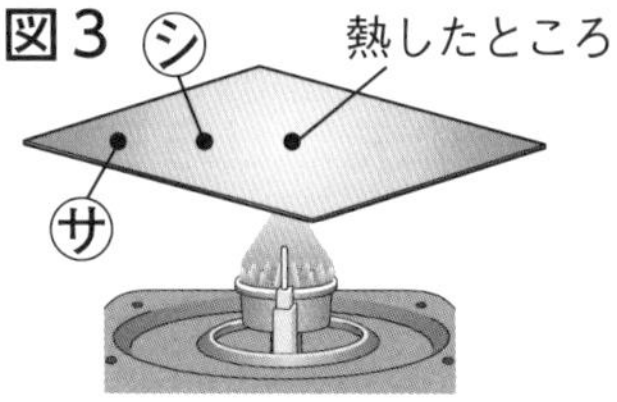

(1)　図１のようにして熱したとき，先にあたたまるのは㋐，㋑のどちらですか。（　　）

(2)　図２のようにして熱したとき，先にあたたまるのは㋕，㋖のどちらですか。（　　）

(3)　図３のようにして熱したとき，先にあたたまるのは㋚，㋛のどちらですか。（　　）

3 右の図のように，ろうをぬった金ぞくの ぼうを熱しました。これについて，次の問題に答えましょう。 （1つ10点）

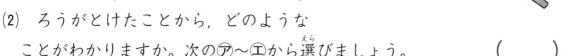

(1) ろうは，どのような順にとけますか。ろうがとける順に，㋐〜㋒を書きましょう。　（　　→　　→　　）

(2) ろうがとけたことから，どのようなことがわかりますか。次の㋐〜㋓から選びましょう。　（　　）

㋐　まだ熱が伝わっていないこと。

㋑　熱が伝わってきたこと。

㋒　いちどあたたまって，また冷えたこと。

㋓　そこにあった熱がなくなったこと。

(3) この実験から，どのようなことがわかりますか。次の㋐〜㋓から選びましょう。　（　　）

㋐　ぼうをななめにして熱すると，上になったほうが先にあたたまる。

㋑　ぼうをななめにして熱すると，下になったほうが先にあたたまる。

㋒　ぼうをななめにして熱しても，熱したところから遠いほうへ，順にあたたまる。

㋓　ぼうをななめにして熱しても，熱したところから遠いところから，順にあたたまる。

4 右の図のような，正方形の金ぞくの板を熱しました。これについて，次の問題に答えましょう。 （1つ10点）

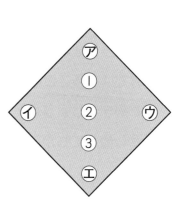

(1) ㋐〜㋓に同時に熱が伝わるようにするには，①〜③のどこを熱すればよいですか。　（　　）

(2) 最初に㋐に熱が伝わるようにするには，①〜③のどこを熱すればよいですか。　（　　）

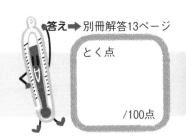

答え➡別冊解答13ページ

とく点

/100点

49 水や空気のあたたまり方①

水や空気のあたたまり方

水や空気は動きながら全体があたたまっていく。

あたためられた水や空気 ➡ 上へ動く。

上にある温度の低い水や空気 ➡ 下へ動く。

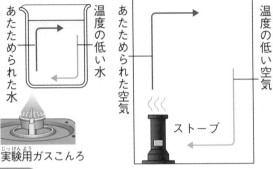

実験用ガスこんろ

ストーブ

金ぞくと水や空気のあたたまり方のちがい

金ぞくは熱が順に伝わって全体があたたまるが，水や空気は，あたためられた部分が上に動いて全体があたたまる。

下のほうをあたためたとき

金ぞくも，水や空気も，上のほうまであたたまる。

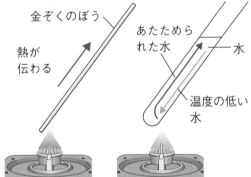

金ぞくのぼう

熱が伝わる

あたためられた水

水

温度の低い水

上のほうをあたためたとき

金ぞくは下のほうまであたたまるが，水や空気は，下のほうはあたたまらない。

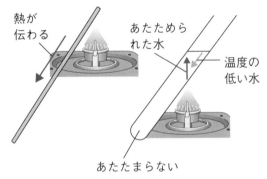

熱が伝わる

あたためられた水

温度の低い水

あたたまらない

1 右の図は，水や空気をあたためたときのようすを表したものです。□□にあてはまることばを，　から選んで書きましょう。同じことばを，くり返し使ってもかまいません。

（1つ5点）

あたためられた　　温度の低い

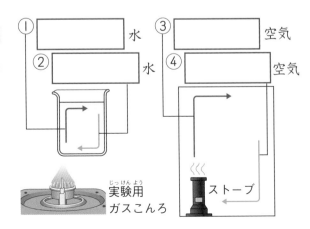

① 水
② 水
③ 空気
④ 空気

実験用ガスこんろ

ストーブ

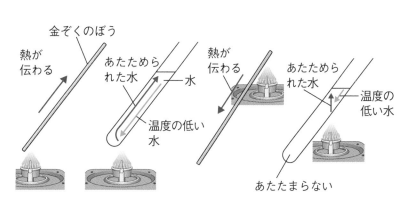

2 次の文は，水や空気のあたたまり方について書いたものです。（　）にあてはまることばを，　　　　から選んで書きましょう。（1つ10点）

(1) 水や空気は，（　　　　　　　　）全体があたたまっていく。

(2) あたためられた水や空気は，（　　　　）へ動く。

(3) 上にある温度の低い水や空気は，（　　　　）へ動く。

　　　熱が伝わって　　　動きながら　　　上　　　下

3 右の図のように，金ぞくと，水や空気のあたたまり方のちがいについて調べました。（　）にあてはまることばを，　　　　から選んで書きましょう。同じことばを，くり返し使ってもかまいません。（1つ10点）

(1) 下のほうをあたためたときは，金ぞくも，水や空気も，上のほうまで（　　　　　　　　）。

(2) 上のほうをあたためたときは，金ぞくは下のほうまで①（　　　　　　　　）が，水や空気は下のほうは②（　　　　　　　　）。

(3) 金ぞくと，水や空気のあたたまり方がちがうのは，金ぞくは熱が①（　　　　　　　　　　　）全体があたたまるが，水や空気はあたためられた部分が②（　　　　　　　）全体があたたまるからである。

　　　あたたまる　　　あたたまらない　　　上に動いて　　　順に伝わって

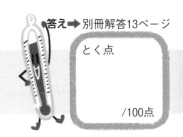

答え➡別冊解答13ページ

とく点　　/100点

50 水や空気のあたたまり方②

1

水や空気のあたたまり方について，次の問題に答えましょう。（１つ10点）

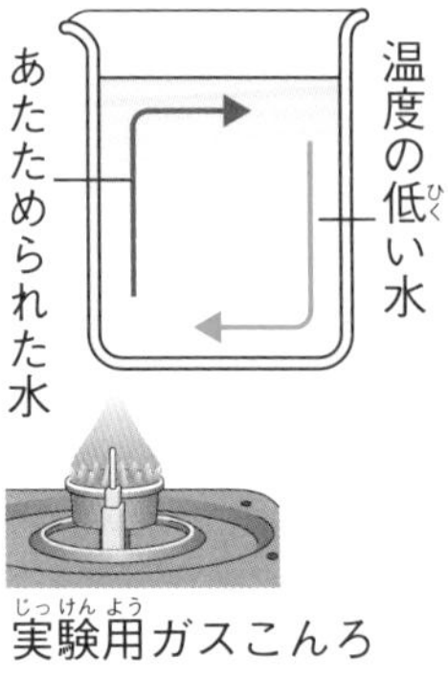

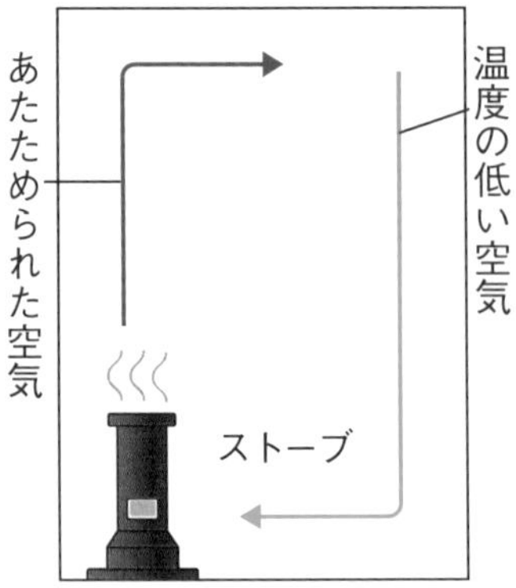

(1)　水を熱すると，どのようにして全体があたたまりますか。次の㋐，㋑から選びましょう。（　　）

㋐　熱が順に伝わって全体があたたまる。

㋑　あたためられた水が上へ動いて，全体があたたまる。

(2)　空気を熱すると，どのようにして全体があたたまりますか。次の㋐，㋑から選びましょう。（　　）

㋐　熱が順に伝わって全体があたたまる。

㋑　あたためられた空気が上へ動いて，全体があたたまる。

(3)　金ぞくと水や空気のあたたまり方にちがいはありますか。次の㋐～㋓から選びましょう。（　　）

㋐　金ぞくと水のあたたまり方は同じだが，空気のあたたまり方はちがう。

㋑　金ぞくと空気のあたたまり方は同じだが，水のあたたまり方はちがう。

㋒　水と空気のあたたまり方は同じだが，金ぞくのあたたまり方はちがう。

㋓　金ぞくと水と空気のあたたまり方は，どれも同じ。

2

あたためられた水や空気と，上にある温度の低い水や空気はどのように動きますか。それぞれ下の㋐～㋒から選びましょう。（１つ５点）

①　あたためられた水（　　）　②　上にある温度の低い水（　　）

③　あたためられた空気（　　）　④　上にある温度の低い空気（　　）

㋐　上へ動く。　㋑　下へ動く。　㋒　動かない。

3

右の図のように，水や空気をあたためました。これについて，次の問題に答えましょう。（１つ５点）

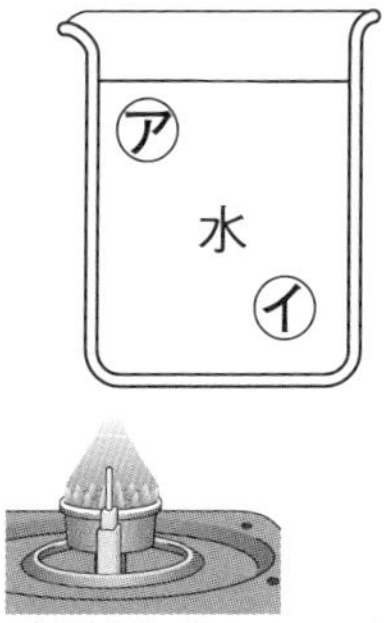

実験用ガスこんろ

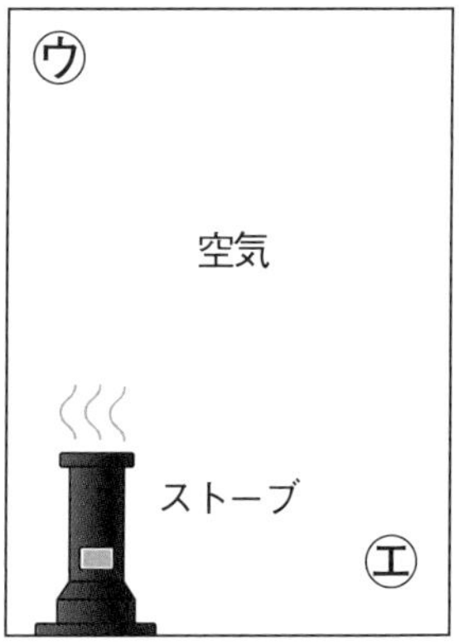

(1)　ビーカーの水の温度をくらべたとき，水の温度が高いのは，図の㋐，㋑のどちらですか。（　　）

(2)　(1)で答えたところのほうが温度が高くなるのはどうしてですか。

（　　　　　　　　　　　　　　　　）

(3)　空気の温度をくらべたとき，温度が高いのは，図の㋒，㋓のどちらですか。（　　）

(4)　(3)で答えたところのほうが温度が高くなるのはどうしてですか。

（　　　　　　　　　　　　　　　　）

4

右の図のように，試験管(しけんかん)の水をあたためます。水全体をよくあたためるためには，どのように熱すればよいですか。図の㋐～㋒から選びましょう。（10点）

（　　）

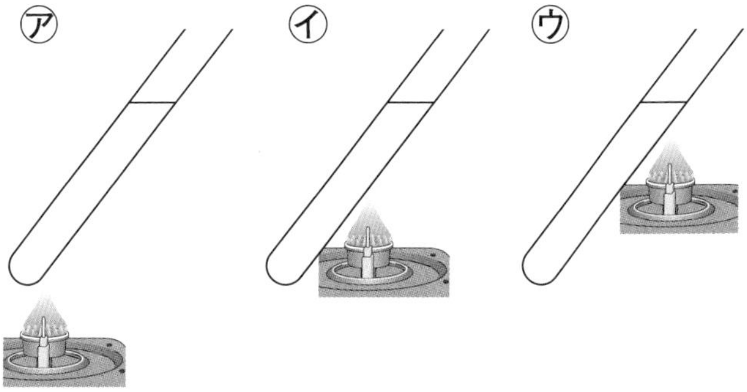

5

ストーブを使って，部屋の空気をあたためました。これについて，次の問題に答えましょう。（１つ10点）

(1)　てんじょうの近くとゆかの近くの空気の温度をくらべました。温度が高いのはどちらですか。（　　　　　　）

(2)　(1)のことから考えて，部屋全体の空気があたたまりやすいのは，ストーブをどこに置(お)いたときですか。次の㋐，㋑から選びましょう。（　　）

㋐　ゆかに置く。

㋑　少し高いところに置く。

51 単元のまとめ

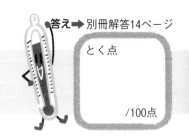

答え➡別冊解答14ページ

とく点　　/100点

1 **右の①～④のように，金ぞくのぼうをあたためました。これについて，次の問題に答えましょう。**（１つ８点）

①
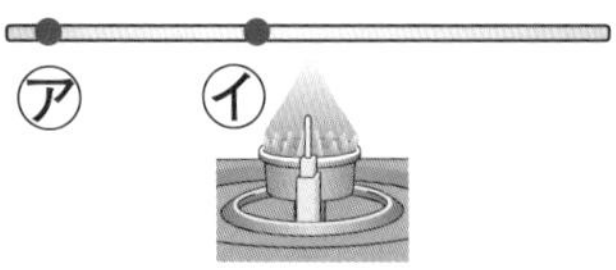

②
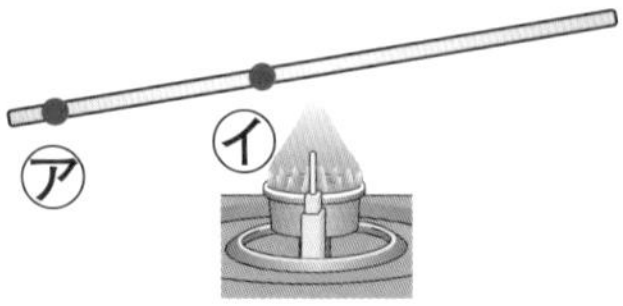

③
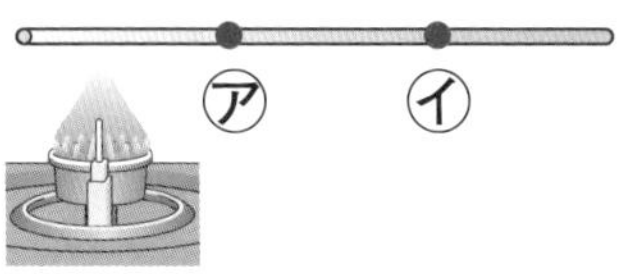

④
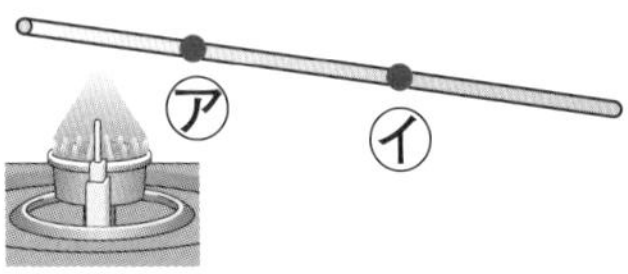

⑴　①～④のそれぞれの２つの点で，先にあたたまるのはどちらですか。㋐，㋑から選びましょう。いっしょにあたたまるときは「同じ」と書きましょう。

①（　　　）②（　　　）
③（　　　）④（　　　）

⑵　金ぞくのあたたまり方について正しいものを，次の㋐～㋒から選びましょう。（　　）

㋐　熱せられたところから遠いところから熱が伝わり，順にあたたまっていく。
㋑　熱せられたところから熱が伝わり，遠いほうへ順にあたたまっていく。
㋒　熱せられると，全体が同じようにあたたまっていく。

2 **右の図のような金ぞくの板を，実験用ガスこんろで熱しました。これについて，次の問題に答えましょう。**（１つ10点）

①
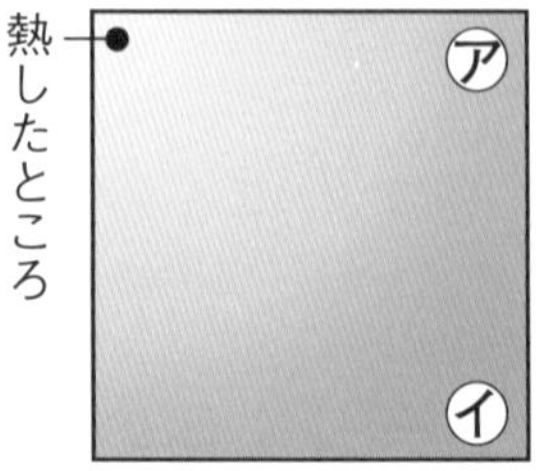

②
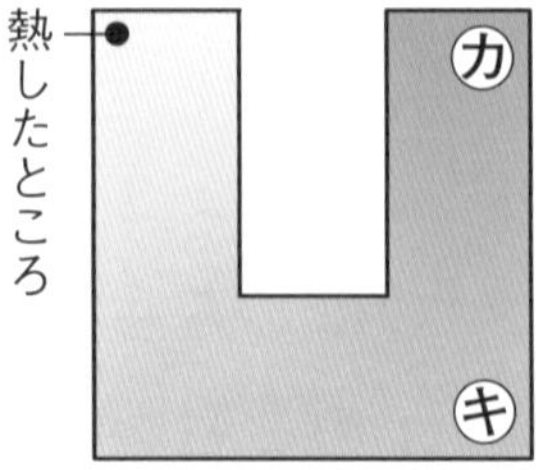

⑴　①の金ぞくの板で，先に熱が伝わるのは㋐，㋑のどちらですか。（　　）

⑵　②の金ぞくの板で，先に熱が伝わるのは㋕，㋖のどちらですか。（　　）

3 **右の図のように，部屋の空気をあたためました。これについて，次の問題に答えましょう。** （１つ10点）

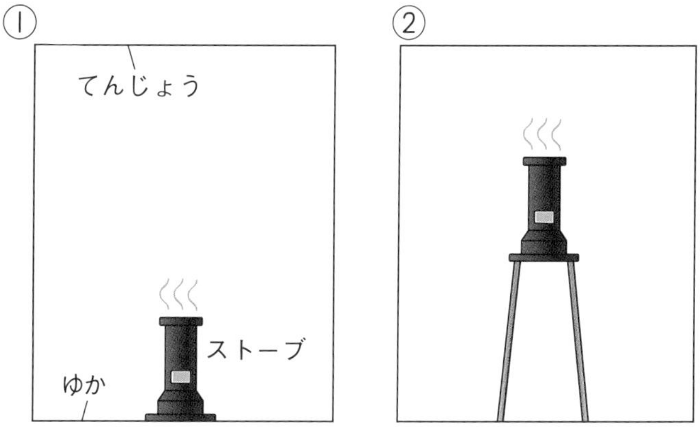

(1) ①のようにしてあたためているとき，てんじょうの近くとゆかの近くの空気の温度を調べるとどうなっていますか。次の㋐～㋒から選びましょう。

（　　）

㋐　てんじょうの近くのほうが温度は高い。

㋑　ゆかの近くのほうが温度は高い。

㋒　どちらも同じ。

(2) ①と②をくらべたとき，部屋全体の空気がよくあたたまるのはどちらですか。ただし，①と②は，ストーブを置(お)く場所以外(いがい)は，すべて同じです。

（　　）

4 **下の図のように，水をビーカーや試験管(しけんかん)に入れて熱しました。これについて，次の問題に答えましょう。** （１つ10点）

(1) ビーカーの水を熱すると，水はどのように動きますか。右の㋐～㋓から選びましょう。

（　　）

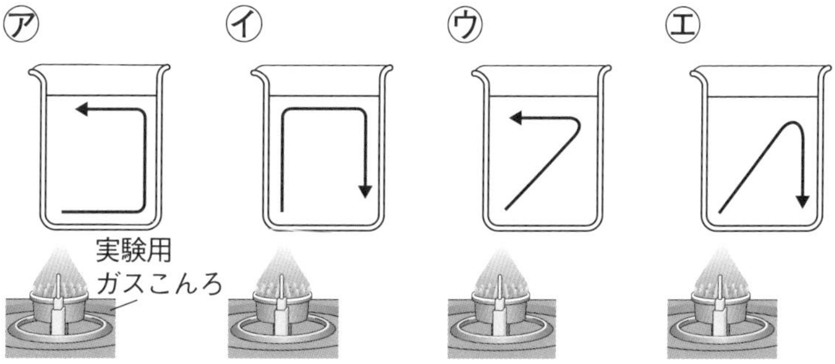

(2) 試験管の水を熱すると，水はどのように動きますか。右の㋕～㋘から選びましょう。

（　　）

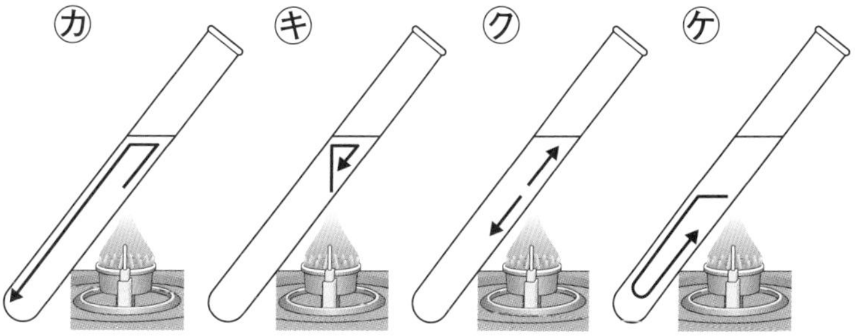

空気であたたまろう！

どうしてセーターを着るとあたたかいの？

　冷(つめ)たい北風がふく寒い冬でも，セーターを着ていると，あたたかくすごすことができますね。

　でも，毛糸をあんで作ったセーターには，すき間がいっぱいあるように見えます。それなのに，すき間の少ないシャツなどを着るよりも，あたたかく感じるのはどうしてなのでしょうか。

　これには，空気のあたたまり方が関係(かんけい)しています。

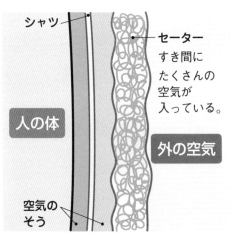

シャツ

セーター
すき間に
たくさんの
空気が
入っている。

人の体

外の空気

空気の
そう

　熱(ねつ)が伝(つた)わって全体があたたまる金ぞくとはちがい，空気はあたためられた空気が動いて，全体があたたまることを学習しました。

　では，空気があまり動かなければどうかというと，なかなか全体はあたたまりません。実は，空気は金ぞくなどにくらべると，熱を伝えにくいのです。

　細いせんいがからみあっている毛糸や，それをあんで作ったセーターには，小さなすき間がたくさんあり，そこに入りこんだ空気はなかなか動けません。そのため，体の熱であたためられた空気はなかなか外に出ていかず，外の冷たい空気が入ってこないので，とてもあたたかいのです。

　もし，キャンプなどで急に寒くなってしまったときは，衣類(いるい)の中に新聞紙を入れるだけでもずいぶんちがいます。新聞紙の間に空気のそうができて，体の熱が外ににげにくくなるからです。

空気が動けないから，あたたかいんだね。

　この単元では，金ぞくや水，空気を熱したときのあたたまり方について学習しました。ここでは，セーターやマフラーのあたたかさについて調べてみましょう。

マフラーはオシャレのためだけにあるの？

　セーターを着ても寒いときに，首にマフラーをしたり，首をしっかりおおうタートルネックのシャツを着ると，あたたかいものです。

　でも，どうして首をおおっただけで，こんなにちがうのでしょうか。

　前のページで，セーターなどを着て空気のそうができると，体の熱がにげにくいことがわかりました。

　ところが，えりもとが開いていると，あたためられた空気はどんどん出ていってしまうのです。

　マフラーやタートルネックで首をおおうと，あたためられた空気が外に出ていかなくなり，あたたかくすごすことができるというわけです。

　もし，マフラーがなければ，うすいスカーフやタオルを首にまくだけでもかなりちがいます。マフラーは決してオシャレのためだけにあるのではないのです。

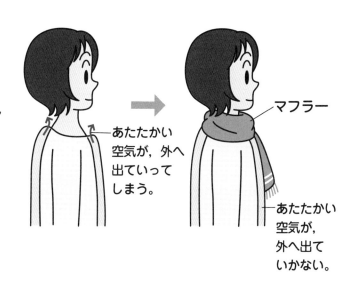

あたたかい空気が，外へ出ていってしまう。

マフラー

あたたかい空気が，外へ出ていかない。

自由研究のヒント

　着ている衣類の内側の温度をはかり，外の空気の温度とどれくらいちがうか調べてみよう。また，シャツやセーターを重ねて着ると，内側の温度はどうなるかもはかってみよう。

52 水を冷やしたときの変化①

とく点

/100点

おぼえよう

水が氷になる変化

・水は，冷やされて温度が下がり，0℃になるとこおり始める。
・全部の水がこおってしまうまで，温度は0℃のまま変わらない。
・全部の水がこおってしまうと，氷の温度は下がり始める。
・水はこおると，体積が大きくなる。

水がこおったときの，体積の変化

水 ⇨ 氷

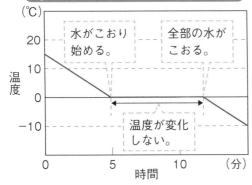

水がこおるときの温度の変化のようす

水がこおり始める。　全部の水がこおる。

温度が変化しない。

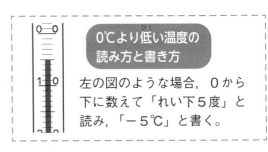

0℃より低い温度の読み方と書き方

左の図のような場合，0から下に数えて「れい下5度」と読み，「−5℃」と書く。

氷が水になる変化

・氷は，あたためられて温度が上がり，0℃になると，とけ始める。
・全部の氷がとけるまで，温度は0℃のまま変わらない。
・全部の氷がとけて水になると，温度は上がり始める。

氷がとけるときの温度の変化のようす

氷がとけ始める。　全部の氷がとける。

温度が変化しない。

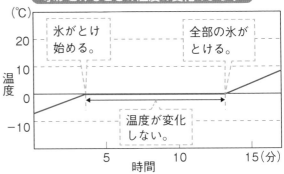

---

1 右の図は，0℃よりも低いときの温度計を表したものです。（　）にあてはまることばを，　　　　から選んで書きましょう。　（1つ10点）

温度計が右の図のような場合，①（　　　　　　　　　　）と読み，②（　　　　　　　　）と書く。

れい下5度　　　ひく5度　　　−5℃

2 次の文は，水が氷になる変化（へんか）と，氷が水になる変化について書いたものです。（　）にあてはまることばを，　　　から選んで書きましょう。同じことばを，くり返し使ってもかまいません。

(1つ8点)

(1) 水が氷になる変化

① 水は，冷（ひ）やされて温度が下がり，（　　　　　）℃になるとこおり始める。

② 全部の水がこおってしまうまで，温度は（　　　　　　　　　）。

③ 全部の水がこおってしまうと，温度は（　　　　　　　　　）。

④ 水はこおると，体積（たいせき）が（　　　　　　　）。

(2) 氷が水になる変化

① 氷は，あたためられて温度が上がり，（　　　　　）℃になると，とけ始める。

② 全部の氷がとけるまで，温度は（　　　　　　　　　）。

③ 全部の氷がとけて水になると，温度は（　　　　　　　　　）。

| 10　　0　　−5　　上がり始める　　下がり始める　　変（か）わらない |
| 大きくなる　　小さくなる |

3 下の図は，水がこおるときと，氷がとけるときの，温度の変化のようすをグラフに表したものです。①〜④のようすを表しているものを，　　　から選んで書きましょう。

(1つ6点)

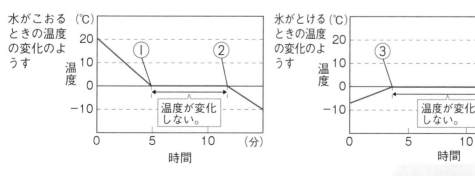

① (　　　　　　　　　　　)
② (　　　　　　　　　　　)
③ (　　　　　　　　　　　)
④ (　　　　　　　　　　　)

氷がとけ始める。

水がこおり始める。

全部の氷がとける。

全部の水がこおる。

答え➡別冊解答14ページ

53 水を冷やしたときの変化②

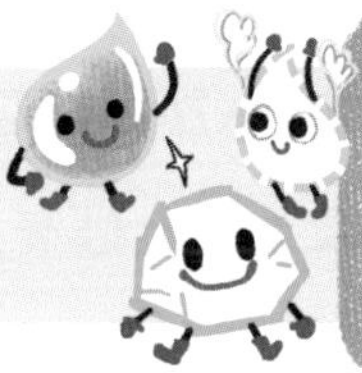

とく点

/100点

1 **水を冷やし，水が氷になるときの温度や体積を調べました。これについて，次の問題に答えましょう。** （１つ９点）

(1)　水がこおり始めたのは，温度が何℃になったときですか。（　　　　）

(2)　水がこおり始めてから全部こおってしまうまで，温度はどうなりましたか。次の㋐～㋒から選びましょう。（　　）

㋐　温度は下がり続けた。　　㋑　温度は少し上がった。

㋒　温度は変わらなかった。

(3)　全部の水がこおった後も冷やし続けました。温度はどうなりましたか。次の㋐～㋒から選びましょう。（　　）

㋐　温度は上がり始めた。　　㋑　温度は下がり始めた。

㋒　温度は変わらなかった。

(4)　水がこおると，体積はどうなりましたか。次の㋐～㋒から選びましょう。（　　）

㋐　大きくなった。　　㋑　小さくなった。　　㋒　変わらなかった。

2 **氷をあたため，氷がとけて水になるときの温度について調べました。これについて，次の問題に答えましょう。** （１つ８点）

(1)　氷がとけ始めたときの温度は，何℃でしたか。（　　　　）

(2)　氷がとけ始めてから全部とけるまで，温度はどうなりましたか。次の㋐～㋒から選びましょう。（　　）

㋐　温度は上がり続けた。　　㋑　温度は少し下がった。

㋒　温度は変わらなかった。

(3)　全部の氷がとけて水になった後もあたため続けました。温度はどうなりましたか。次の㋐～㋒から選びましょう。（　　）

㋐　温度は上がり始めた。　　㋑　温度は下がり始めた。

㋒　温度は変わらなかった。

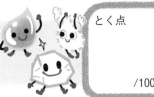

3 水を冷やしてこおらせるときの温度について，次の問題に答えましょう。

（１つ８点）

(1) 水は，冷やされて０℃になるとどうなりますか。

（　　　　　　　　）

(2) 冷やされた水が全部こおった後も冷やし続けると，温度はどうなりますか。

（　　　　　　　　）

(3) 水を冷やしたときの温度の変化（へんか）のようすをグラフに表すとどうなりますか。次の㋐～㋒から選びましょう。

（　　　）

㋐

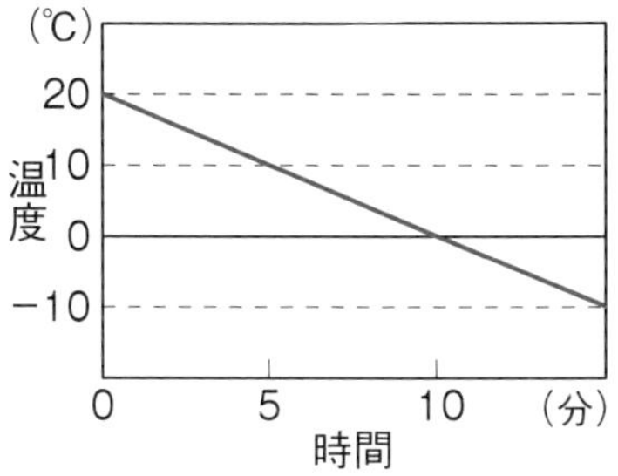

㋑

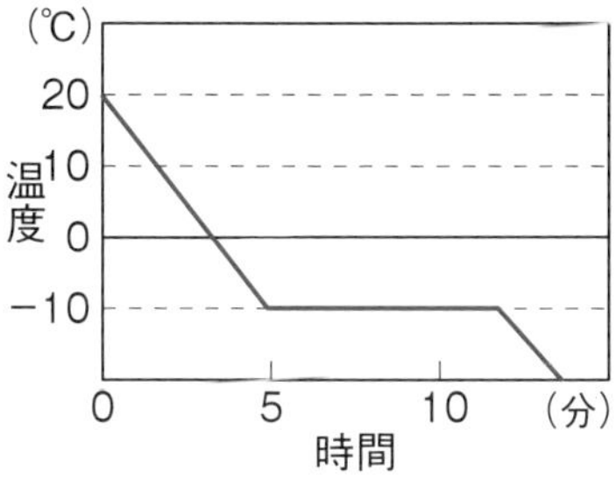

㋒

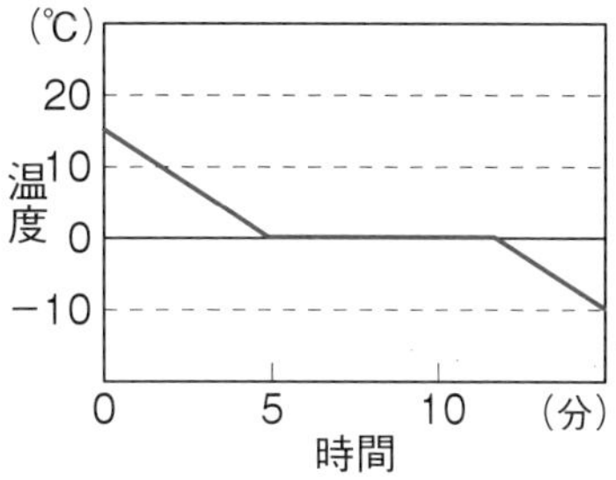

4 氷をあたためてとかしたときの温度の変化のようすを調べてグラフに表すと，右の図のようになりました。これについて，次の問題に答えましょう。

（１つ８点）

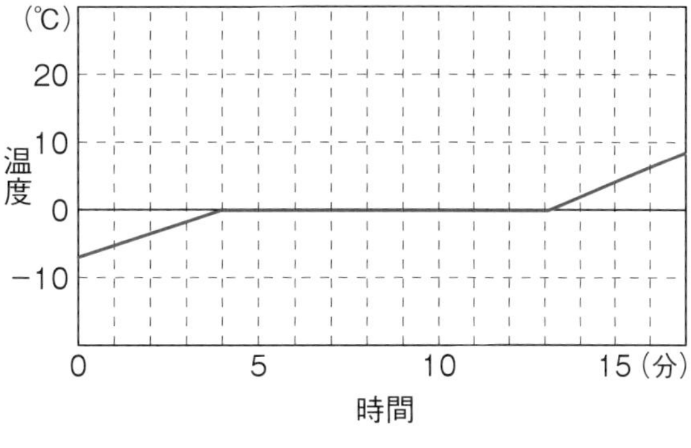

(1) 氷がとけ始めたのは，あたため始めてから，何分たったときですか。次の㋐～㋓から選びましょう。

（　　　）

㋐　あたため始めてすぐ　　㋑　４分たったとき

㋒　10分たったとき　　㋓　13分たったとき

(2) 氷が全部とけたのは，あたため始めてから，何分たったときですか。次の㋐～㋓から選びましょう。

（　　　）

㋐　あたため始めてすぐ　　㋑　４分たったとき

㋒　10分たったとき　　㋓　13分たったとき

答え➡別冊解答14ページ

54 水をあたためたときの変化①

とく点

/100点

おぼえよう

水のふっとう

・水が熱せられてわき立つことを，ふっとうという。
・水は，温度がおよそ100℃で，ふっとうする。
・ふっとうしている間，水の温度は変わらない。

水をあたためたときの温度の変化のようす

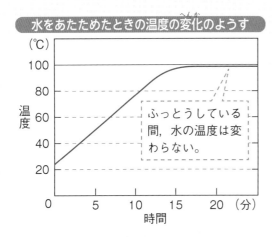

ふっとうしている間，水の温度は変わらない。

水がふっとうしているときのあわの正体は，水がすがたを変えた水じょう気（気体）。

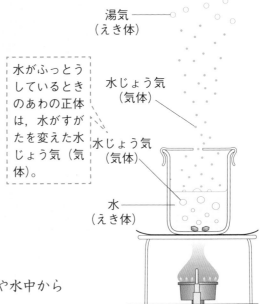

湯気（えき体）

水じょう気（気体）

水じょう気（気体）

水（えき体）

水じょう気と湯気

・熱せられて温度が高くなった水は，水面や水中から水じょう気となって空気中に出ていく。
・水が水じょう気にすがたを変えることをじょう発という。

水じょう気 水が気体になったもの。目に見えない。

湯　気 水じょう気が冷えて，小さい水のつぶになったもの。目に見える。

---

1 右の図は，水をあたためたときのようすを表したものです。□□□にあてはまることばを，　　　から選んで書きましょう。同じことばを，くり返し使ってもかまいません。（1つ10点）

水　　水じょう気　　湯気

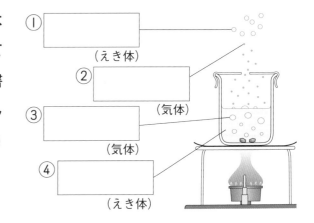

① _____（えき体）

② _____（気体）

③ _____（気体）

④ _____（えき体）

2 次の文は，水を熱（ねっ）したときのようすについて書いたものです。（ ）にあてはまることばを，　　　から選んで書きましょう。 （1つ10点）

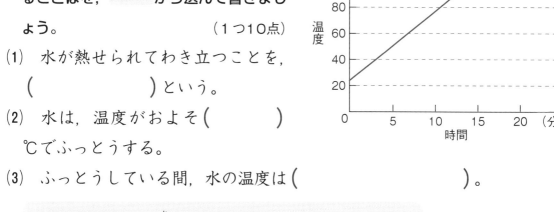

水をあたためたときの温度の変化（へんか）のようす

(1) 水が熱せられてわき立つことを，
（　　　　　　　　　）という。

(2) 水は，温度がおよそ（　　　　）
℃でふっとうする。

(3) ふっとうしている間，水の温度は（　　　　　　　　　）。

　　上がっていく　　変（か）わらない　　0　　100　　ふっとう

3 次の文は，熱せられた水がすがたを変えることについて書いたものです。（ ）にあてはまることばを，　　　から選んで書きましょう。同じことばを，くり返し使ってもかまいません。 （1つ5点）

(1) 熱せられて温度が高くなった水は，水面や水中から（　　　　　　　）
となって空気中へ出ていく。

(2) 水が気体になったものを（　　　　　　　　）という。

(3) 水じょう気が冷（ひ）えて，小さい水のつぶになったものを（　　　　　　）
という。

(4) 水じょう気は目に①（　　　　　　　）が，湯気は目に②（　　　　　　）。

　　湯気　　水じょう気　　見える　　見えない

4 水を熱すると，はげしくあわが出ました。このあわの正体は何ですか。次の文の（ ）にあてはまることばを，　　　から選んで書きましょう。 （5点）

〔 あわの正体は，水が気体にすがたを変えた（　　　　　　　）である。 〕

　　湯気　　水じょう気　　空気

答え➡別冊解答15ページ

とく点　/100点

55 水をあたためたときの変化②

1

右の図は，水をあたためてふっとうさせたときの温度の変化のようすをグラフに表したものです。これについて，次の問題に答えましょう。（１つ８点）

水をあたためたときの温度の変化のようす

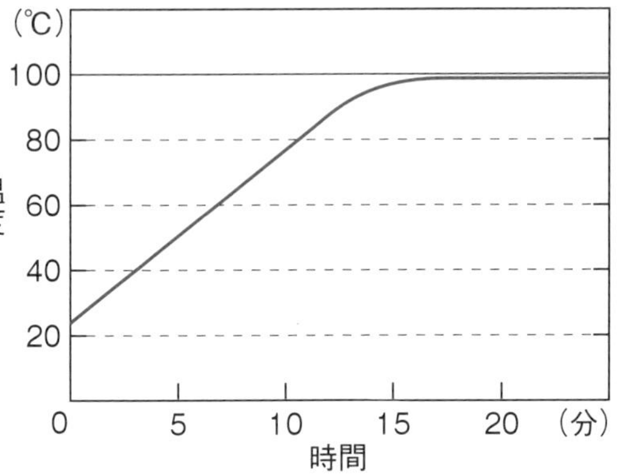

(1)　ふっとうとは，水がどうなることですか。次の㋐～㋓から選びましょう。　（　　）

㋐　水が氷になること。

㋑　氷が水になること。

㋒　水がわき立つこと。

㋓　水が湯気になること。

(2)　水がふっとうする温度は，およそ何℃ですか。　（　　　　）

(3)　ふっとうしている間，水の温度はどうなりますか。

（　　　　　　　）

2

右の図は，水をあたためたときのようすを表したものです。図の中のあわ，水，水じょう気，湯気は，気体とえき体のどちらですか。それぞれ書きましょう。

（１つ９点）

あわ（　　　　　　）

水（　　　　　　）

水じょう気（　　　　　　）

湯気（　　　　　　）

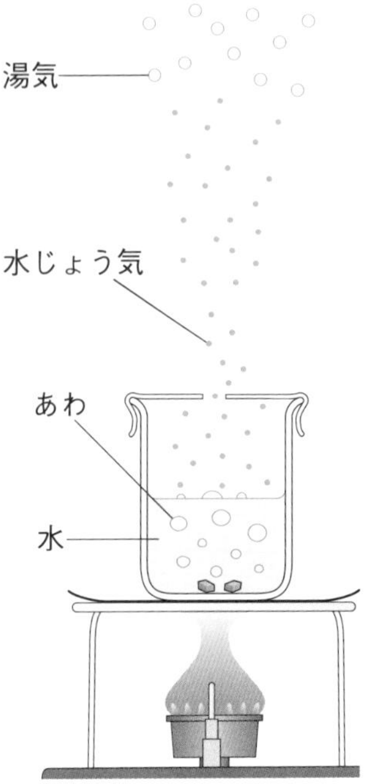

3 右の図のように，ビーカーに入れた水を熱(ねっ)すると，ビーカーの水がわき立ち，水の中からたくさんのあわが出てきました。これについて，次の問題に答えましょう。　（1つ10点）

(1) 熱せられた水がわき立つことを，何といいますか。（　　　　）

(2) 出てきたあわは何ですか。次の㋐～㋓から選びましょう。（　　）

㋐ 水がすがたを変(か)えた空気が集まったもので，正体は空気である。

㋑ 水が熱(あつ)くなってふくらんでできたもので，正体は湯気である。

㋒ 熱せられた水がすがたを変えてできたもので，正体は水が気体になった水じょう気である。

㋓ 熱い空気がビーカーのガラスの小さなすき間から入ってできたもので，正体は空気である。

(3) あわは，水面までくると見えなくなります。あわはどうなりますか。次の㋐～㋓から選びましょう。（　　）

㋐ あわは，ビーカーの水になる。

㋑ あわは，水の中にもどっていく。

㋒ あわは，空気中に出ていく。

㋓ あわは，空気に変わる。

(4) わき立っている水のすぐ上のところは何も見えませんでしたが，もう少し上のあたりからは，白い湯気が見えました。どうしてこのように見えるのですか。次の㋐～㋓から選びましょう。（　　）

㋐ 湯気は，水じょう気が冷(ひ)えて，水のつぶになったものだから。

㋑ 湯気は，水じょう気があたためられて，水のつぶになったものだから。

㋒ 湯気は，水じょう気が冷えて，気体になったものだから。

㋓ 湯気は，水じょう気があたためられて，気体になったものだから。

とく点

/100点

56 水のすがたと温度①

固体・えき体・気体

水（えき体）は，温度によって氷（固体）や水じょう気（気体）に変化する。

固体	えき体	気体
氷や石，鉄などのように，かたまりになっているすがたを固体という。	水やアルコールのようなすがたをえき体という。	水じょう気や空気のようなすがたを気体という。

水は0℃で，えき体から固体に，また，固体からえき体に変わる。

水はおよそ100℃でふっとうして，えき体から気体に変わる。

---

1 次の図は，水のいろいろなすがたを表したものです。□□□にあてはまることばを，　　から選んで書きましょう。

（1つ10点）

① 氷

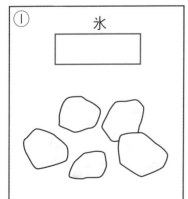

② 水

③

水じょう気

（目に見えない）

気体　　固体　　えき体

2 次の文は，水のすがたの変化について書いたものです。（ ）にあてはまることば
を，　　　　　から選んで書きましょう。　　　　　　　　　　　　　（1つ10点）

(1) 水（えき体）は，（　　　　　　　　）によって，氷（固体）や水じょう気（気体）
に変化する。

(2) 水は，（　　　　）℃で，えき体から固体に，また，固体からえき体に変
わる。

(3) 水は，およそ（　　　　　　）℃でふっとうして，えき体から気体に変わる。

　　温度　　かたさ　　100　　0

3 次の文は，もののすがたについて書いたものです。（　）にあてはまることばを，
　　　　　から選んで書きましょう。　　　　　　　　　　　　　　　（1つ10点）

(1) 氷や石，鉄などのように，かたまりになっているすがたを（　　　　　）
という。

(2) 水やアルコールのようなすがたを（　　　　　）という。

(3) 水じょう気や空気のようなすがたを（　　　　　）という。

　　えき体　　固体　　気体

4 下の図は，水をあたためたり，冷やしたりしたときの，すがたの変化を表したも
のです。（　）にあてはまることばを，　　　　　から選んで書きましょう。（1つ5点）

　　水　　氷　　水じょう気

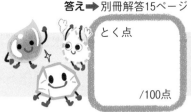

答え➡別冊解答15ページ

とく点　　/100点

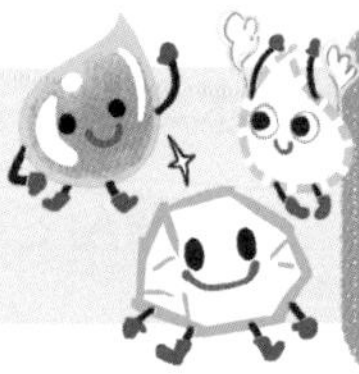

57 水のすがたと温度②

1

次のいろいろなものは，固体・えき体・気体のうち，どのすがたをしていますか。(　)に，固体・えき体・気体のいずれかを書きましょう。（氷以外は，ふつうの部屋の温度のときと考えましょう。）　（１つ３点）

① 氷 (　　　　　)　② 水 (　　　　　)

③ 水じょう気 (　　　　　)　④ 石 (　　　　　)

⑤ アルコール (　　　　　)　⑥ 空気 (　　　　　)

⑦ 鉄 (　　　　　)

2

下の図のやじるしは，それぞれどのようにしたときの変化を表していますか。(　)に，「あたためる」か「冷やす」を書きましょう。　（１つ３点）

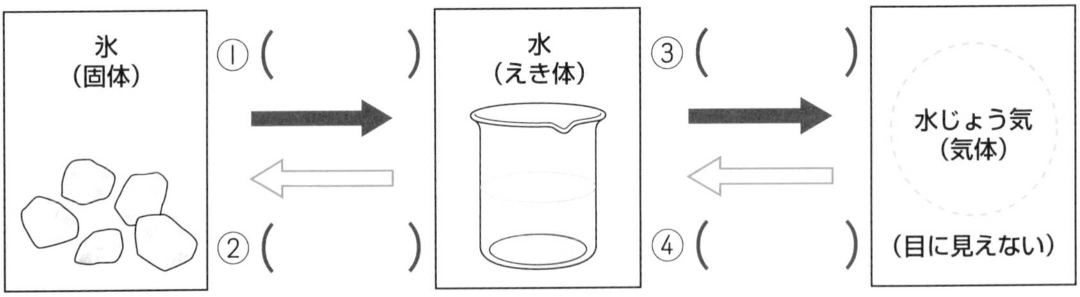

3

水のすがたが次のように変わるのは，何℃のときですか。それぞれ書きましょう。　（１つ３点）

① 氷が水になる。 (　　　　℃)

② 水がふっとうして水じょう気になる。 (　　　　℃)

③ 水が氷になる。 (　　　　℃)

④ えき体の水が，固体になる。 (　　　　℃)

⑤ 固体の水が，えき体になる。 (　　　　℃)

4 いろいろなすがたの水を，あたためたり冷やしたりしました。すがたが次のように変化したとき，あたためましたか，冷やしましたか。（１つ４点）

① 氷が水に変化した。（　　　　　）

② 水が水じょう気に変化した。（　　　　　）

③ 水が氷に変化した。（　　　　　）

④ 水じょう気が水に変化した。（　　　　　）

⑤ えき体の水が固体に変化した。（　　　　　）

⑥ えき体の水が気体に変化した。（　　　　　）

⑦ 気体の水がえき体に変化した。（　　　　　）

⑧ 固体の水がえき体に変化した。（　　　　　）

5 水のすがたの変化について，次の問題に答えましょう。（１つ４点）

(1) 氷をビーカーに入れて，静(しず)かに熱(ねっ)すると，やがて氷はすべてとけて水になりました。さらに水を熱し続(つづ)けると，水がわき立ち，水の量(りょう)がしだいにへっていきました。

① この実験(じっけん)で，水のすがたはどのように変化しましたか。次の㋐～㋓から選(えら)びましょう。（　　）

㋐ 固体→気体→えき体　　㋑ 固体→えき体→気体

㋒ えき体→気体→固体　　㋓ 気体→えき体→固体

② この実験で，水は何によってすがたを変えるといえますか。

（　　　　　　　）

(2) 次の文のうち，正しいものには○を，まちがっているものには×を書きましょう。

①（　　）水が変化して気体になったものが，えき体にもどることはない。

②（　　）固体の水がえき体になる温度と，えき体の水が固体になる温度は同じ。

③（　　）もののすがたは，あたためたときにしか変化しない。

答え➡別冊解答15ページ

とく点

/100点

58 空気中の水①

おぼえよう

空気中に出ていく水

水はふっとうしなくても，じょう発して，空気中に出ていく。

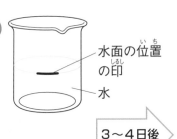

水面の位置の印

水

じょう発する速さ

太陽の熱などであたためられると，水は速くじょう発する。

3〜4日後

水がへっている。

⬇

水面から，水がじょう発した。

ラップでおおいをする。

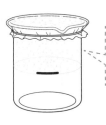

ラップやビーカーの内側に水てきがつく。

⬇

じょう発した水がついた。

空気中の水じょう気を水にもどす

空気中の水じょう気を冷やすと，水にもどる。

氷水を入れたコップ

コップの外側に，水てきがつく。

➡

空気中の水じょう気が冷えて，水てきになってついた。

---

1 右の図のように，ビーカーに水を入れておきました。（ ）にあてはまることばを， から選んで書きましょう。　（1つ10点）

へって　水じょう気
ふえて　水てき

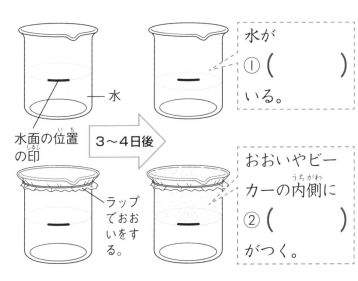

水

水面の位置の印

3〜4日後

ラップでおおいをする。

水が
①（　　　）
いる。

おおいやビーカーの内側に
②（　　　）
がつく。

2 次の文は，空気中に出ていく水について書いたものです。（　）にあてはまることばを，　　から選んで書きましょう。同じことばを，くり返し使ってもかまいません。　（1つ10点）

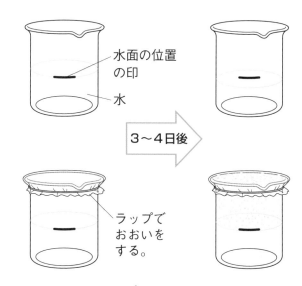

水面の位置の印

水

3〜4日後

ラップでおおいをする。

(1) ビーカーに水を入れ，そのまま3〜4日置いておくと，水が①（　　　　　）いる。また，ラップでおおいをしておくと，ラップやビーカーの内側に②（　　　　　）がつく。これは，水面から水が③（　　　　　）したからである。

(2) 水はふっとうしなくても，（　　　　　）して，空気中に出ていく。

(3) 太陽の熱などで（　　　　　）と，水は速くじょう発する。

じょう発　　あたためられる　　冷やされる　　へって　　ふえて　　水てき

3 次の文は，空気中の水じょう気について書いたものです。（　）にあてはまることばを，　　から選んで書きましょう。（1つ10点）

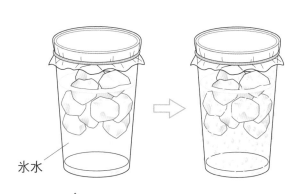

氷水

(1) コップに氷水を入れておくと，外側に①（　　　　　）がつく。これは，空気中の②（　　　　　）が冷えて，水てきになったものである。

(2) このように，空気中の水じょう気を（　　　　　）と，水にもどる。

水じょう気　　水てき　　あたためる　　冷やす

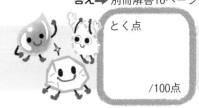

答え➡ 別冊解答16ページ

59 空気中の水②

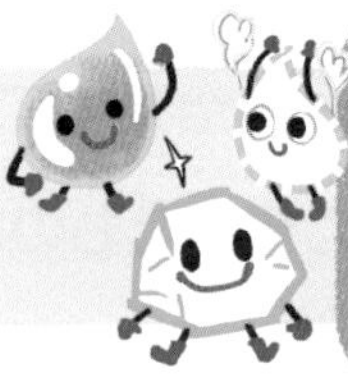

とく点

/100点

1 右の図のように，ビーカーに水を入れて，３～４日，そのまま置いておきました。これについて，次の問題に答えましょう。　（１つ10点）

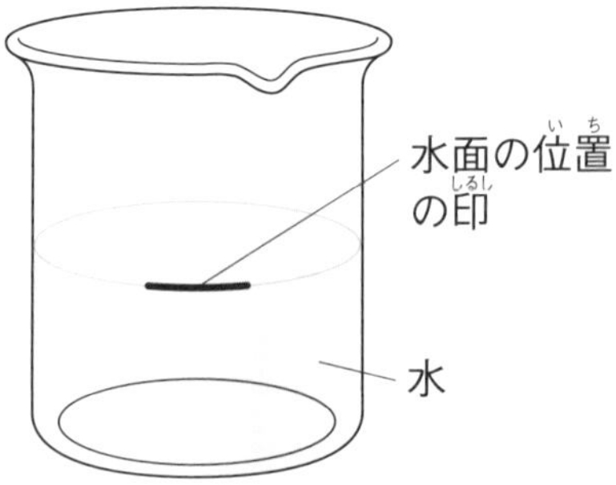

(1)　３～４日後，水の量はどうなりますか。次の㋐～㋒から選びましょう。　(　　)

㋐　はじめの量よりもふえる。　㋑　はじめの量よりもへる。

㋒　はじめの量と変わらない。

(2)　(1)のようになるのはどうしてですか。次の㋐～㋒から選びましょう。　(　　)

㋐　空気中の水が入ってきたから。

㋑　水面から水がじょう発したから。

㋒　水はふっとうしないと水じょう気にはならないから。

(3)　ビーカーを置いておく場所を，太陽の光がよく当たるあたたかい場所に変えて，同じ日数置いておくと，水の量の変わり方はどうなりますか。次の㋐～㋒から選びましょう。　(　　)

㋐　(1)のときよりも変わり方が大きくなる。

㋑　(1)のときと同じ。

㋒　(1)のときよりも変わり方が小さくなる。

(4)　右の図のように，ビーカーにラップでおおいをしておくと，ラップやビーカーの内側に水てきがつきました。この水てきは何ですか。次の㋐～㋒から選びましょう。　(　　)

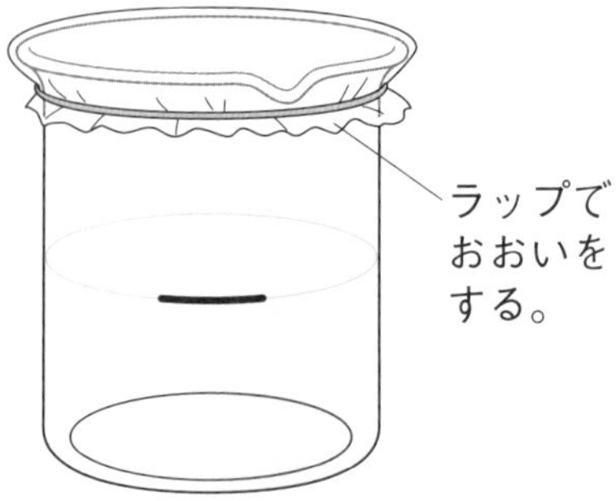

㋐　ビーカーの外の空気中の水じょう気が，水てきになった。

㋑　ビーカーの中の水のじょう発した水じょう気が，水てきになった。

㋒　ビーカーの中の水が，そのまま水てきになった。

2

冷(ひ)やしておいた飲み物のびんを，冷(れい)ぞう庫(こ)から出して置いておくと，右の図のように，びんの外側に水てきがつきました。これについて，次の問題に答えましょう。 （１つ10点）

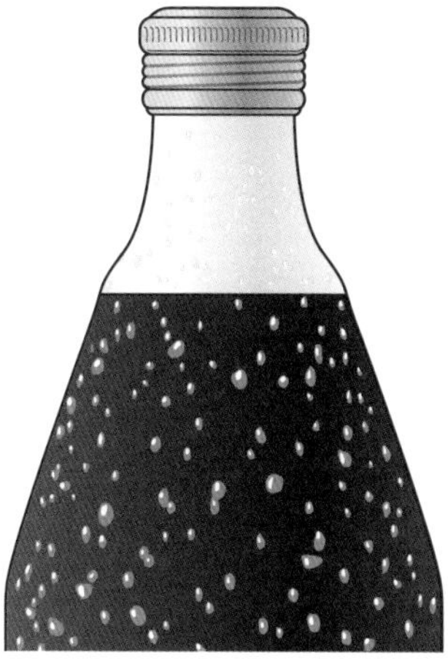

⑴　びんについた水てきは，何がすがたを変えたものですか。次の文の(　)にあてはまることばを書きましょう。

〔　①(　　　　　)にあった②(　　　　　)がすがたを変えたもの。〕

⑵　⑴で答えたものが，すがたを変えたのはどうしてですか。次の㋐～㋒から選びましょう。 (　　)

㋐　あたためられたから。　　㋑　冷やされたから。

㋒　動かされたから。

⑶　次の㋐～㋒のコップのうち，上の図のびんと同じように，外側に水てきがつくのはどれですか。 (　　)

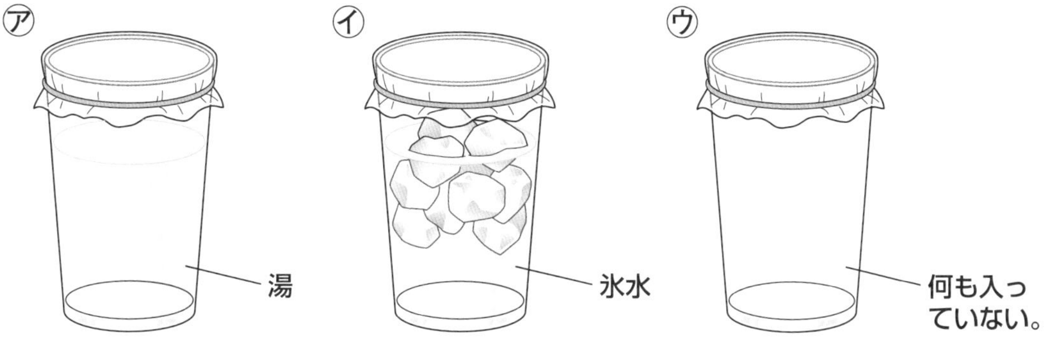

3

次の㋐～㋔から，水がふっとうしないでじょう発しているものを，すべて選びましょう。 （全部できて20点）(　　　　)

㋐　冬の寒い日，まどガラスの内側に水てきがついてくもる。

㋑　ほしておいたせんたく物がかわく。

㋒　熱(ねっ)せられたわき立っているやかんの水がへっていく。

㋓　雨でぬれていた地面がかわく。

㋔　氷水を入れたコップの表面に，水てきがつく。

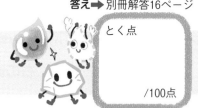

答え➡ 別冊解答16ページ

60 単元のまとめ

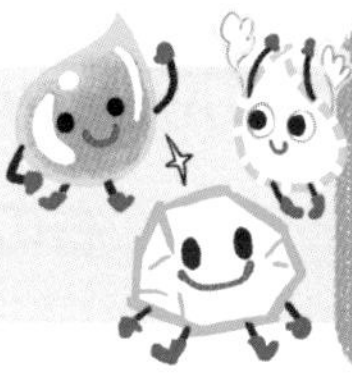

とく点

/100点

1

図１のように，水を冷やし，温度の変化のようすを調べました。図２は，その結果をグラフに表したものです。これについて，次の問題に答えましょう。

図１

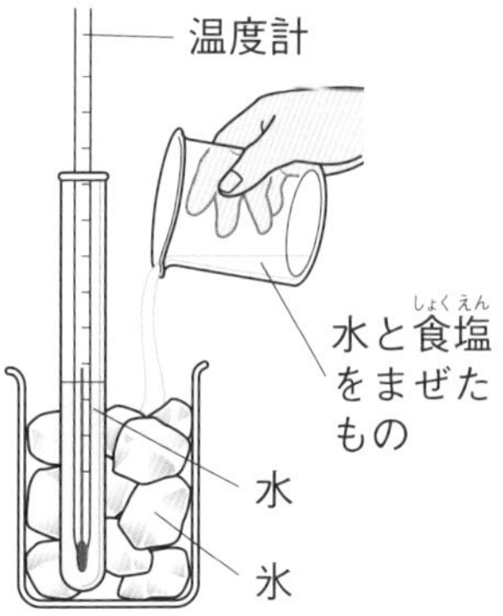

図２

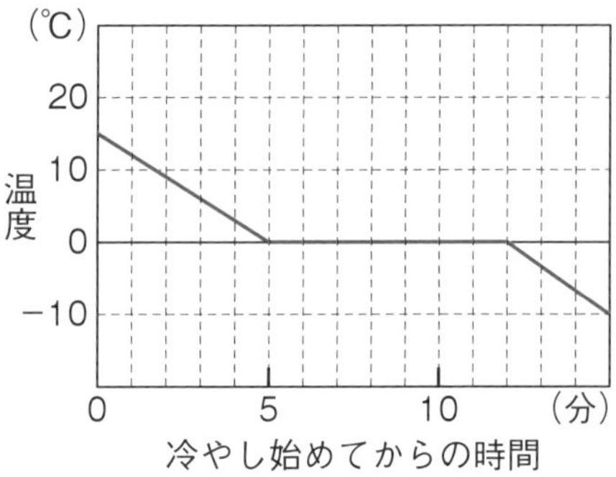

（１つ9点）

(1)　水がこおり始めたのは，冷やし始めてから何分たったときですか。

（　　　　　　　　　）

(2)　全部の水がこおったのは，冷やし始めてから何分たったときですか。

（　　　　　　　　　）

(3)　水が全部こおった後，冷やすのをやめると，温度はどのように変化しますか。次の㋐～㋓から選びましょう。（　　）

㋐

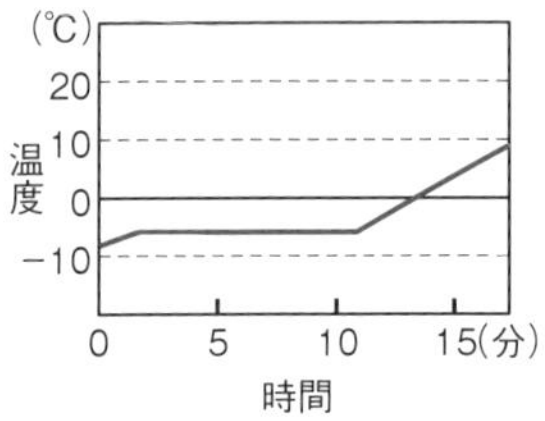

㋑

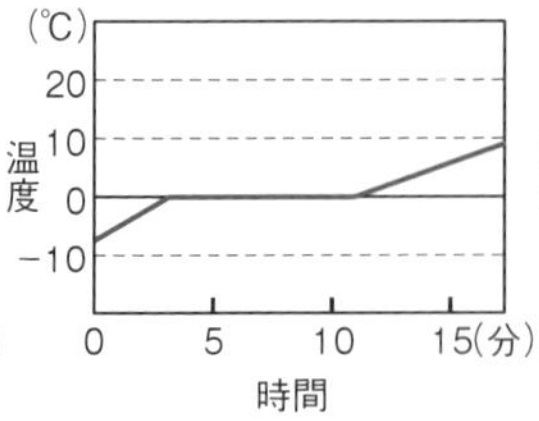

㋒

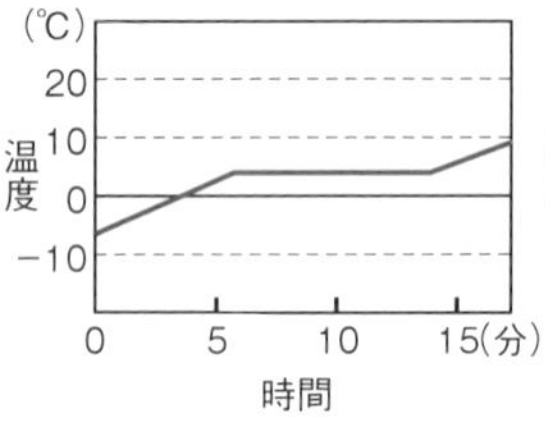

㋓

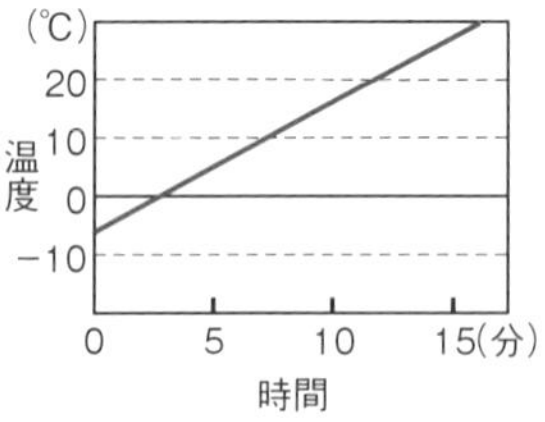

2

水のようすが変化するときの温度について，次の問題に答えましょう。

（１つ８点）

(1)　水がこおり始める温度は何℃ですか。（　　　　　　　）

(2)　氷がとけ始める温度は何℃ですか。（　　　　　　　）

(3)　水がふっとうする温度は何℃ですか。次の㋐～㋒から選びましょう。

（　　）

㋐　およそ90℃　　㋑　およそ100℃　　㋒　およそ110℃

3 **右の図は，水を熱したときのようすを表したものです。これについて，次の問題に答えましょう。**（１つ９点）

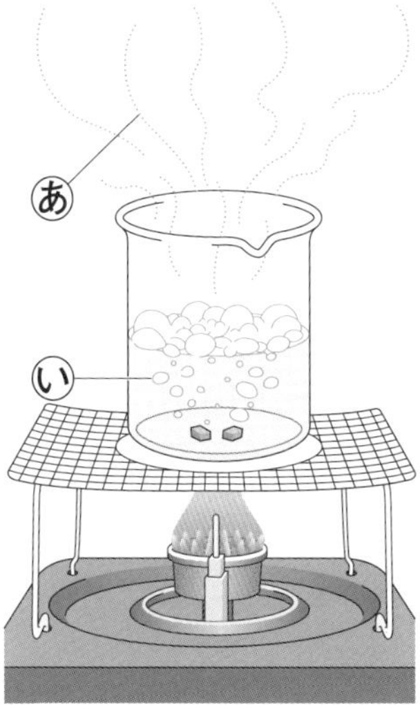

(1) 図の[あ]のところには，白いけむりのようなものが見えました。これは何ですか。

（　　　　　）

(2) (1)のものは，固体，えき体，気体のうちのどれですか。（　　　　　）

(3) 水の中に出てきた[い]のあわの正体は何ですか。次の㋐～㋒から選びましょう。（　　）

㋐　水の中にとけていた空気

㋑　ビーカーの外から入りこんだ空気

㋒　水がすがたを変えた気体

4 **図１のように，氷水を入れてラップでおおいをしたコップをしばらく置いておくと，コップの外側に水てきがつきました。また，図２のように，水を入れてラップでおおいをしたコップを３～４日置いておくと，ラップやコップの内側に水てきがつきました。これについて，次の問題に答えましょう。**（１つ11点）

図１

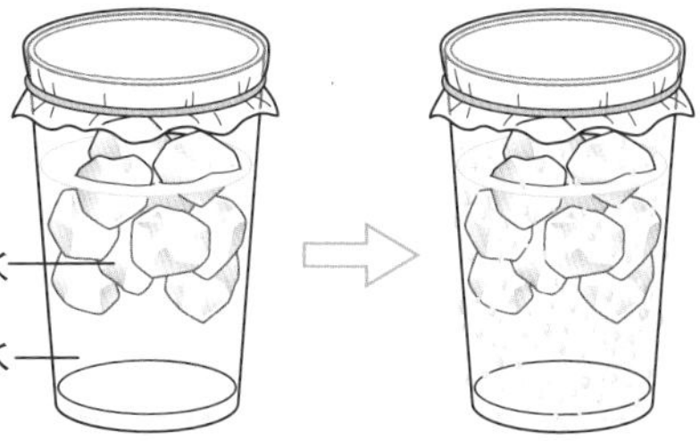

図２

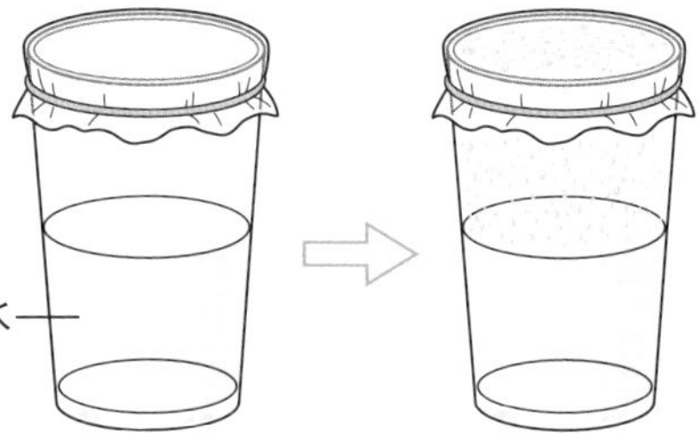

(1) 図１でコップの外側についた水は，何がすがたを変えたものですか。次の㋐～㋒から選びましょう。（　　）

㋐　コップの中の水じょう気

㋑　コップの中の氷

㋒　コップの外の空気中の水じょう気

(2) 図２でラップやコップの内側についた水は，何がすがたを変えたものですか。(1)の㋐～㋒から選びましょう。（　　）

こおったり，とけたりの不思議

不思議な不思議なドライアイス

アイスクリームを買ったときなどに，ドライアイスがついてくることがあります。このドライアイスの不思議を見てみましょう。

●なくなっても，あとがぬれていない！

氷がとけると，そのあとはぬれています。氷が水になったからです。ところが，ドライアイスはなくなっても，まわりはぬれていません。ドライアイスは，二酸化炭素という気体を冷やして固体にしたもので，温度を高くしても，えき体ではなく，気体になるからです。

●水に入れたら，はげしくあわが出たぞ！

二酸化炭素が固体のドライアイスになったり，気体になったりする温度は－78℃。水の温度はこれよりもはるかに高いので，ドライアイスは気体の二酸化炭素になっていきます。あのあわの正体は，二酸化炭素なのです。

●白いけむりのようなものが出てきたぞ！

ドライアイスをおいておくと，白いけむりのようなものが出てきます。「これが二酸化炭素だな」と思ったら大まちがい。二酸化炭素は目に見えません。実は，白く見えるのは，空気中の水じょう気が水のつぶになったものなのです。

ドライアイスから気体になった二酸化炭素はとても冷たいので，そのまわりの空気中にあった水じょう気（気体）が，水のつぶ（えき体）になったものが見えているのです。

この単元では，水をあたためたり冷やしたりしたときの変化や，水のすがたの変化と温度との関係について学習しました。ここでは，ドライアイスや南極の氷について調べてみましょう。

南極と北極の氷がとけたらどうなる？

クイズです。南極の氷が全部とけたら，海面はどうなるでしょうか？

南極大陸は氷で全体がおおわれており，あついところでは約4000mにもなります。この氷が全部とけてしまうと，海面の高さは，今より70mも高くなってしまうだろうと計算されています。

小さな島はもちろん，東京や大阪など日本の多くの都市も，海にしずんでしまうでしょう。

では第2問。北極の氷が全部とけたら，海面はどうなるでしょうか？

北極の氷が全部とけても，海面は上がりません。なぜなら，北極の氷は海にうかんでいるからです。

ためしに，氷をうかべて水をいっぱいに入れたコップを置いておきます。氷は水面から飛び出してういているので，とけたら水があふれてしまいそうに見えます。でも，氷がとけてできる水の体積は，ういている氷の水面から下の部分の体積と同じになるので，水温が低いときは，水はこぼれません。

氷　ギリギリまで水　水

ほんとうだ！水はこぼれない!!

自由研究のヒント

水がこおるときには，体積はどのように変化するでしょうか。コップに入れた水を冷とう庫でこおらせて，変化のようすを調べてみよう。

答え➡別冊解答16ページ

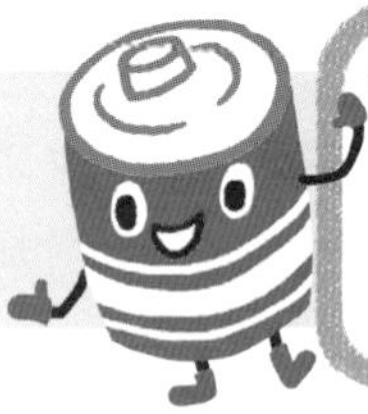

とく点

/100点

61 4年生のまとめ①

1

下の図は，春から秋にかけての，ツバメのようすを表したものです。これについて，次の問題に答えましょう。（1つ10点）

㋐

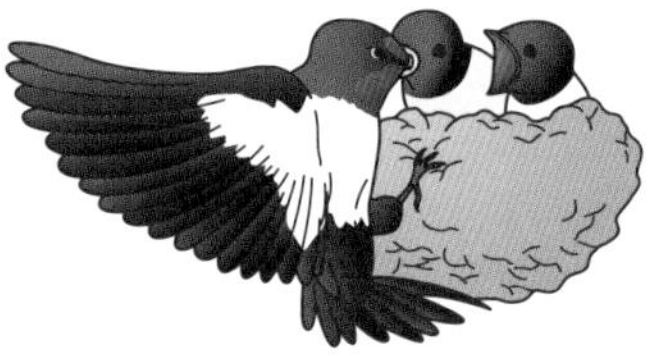

親ツバメは，ひなに食べ物をあたえる。

㋑

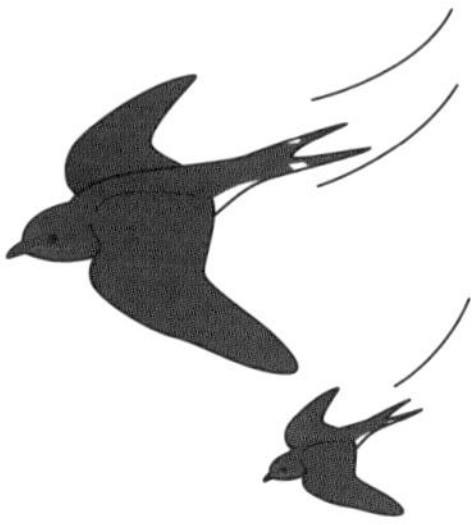

南のほうから日本に来る。

㋒

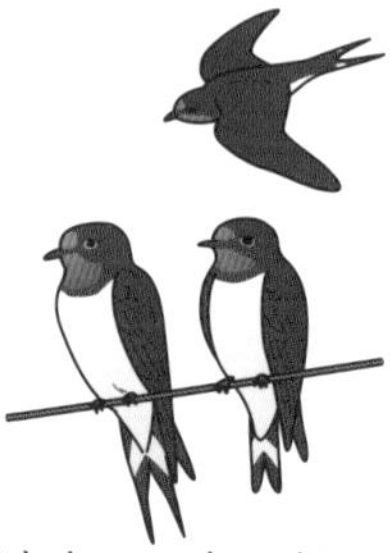

子どもといっしょに南のほうに飛び立っていく。

(1) 図の㋐～㋒を，春→夏→秋の順に書きましょう。

（　　→　　→　　）

(2) 次の①，②は，いろいろな季節のヘチマのようすを表したものです。それぞれの同じ季節のツバメのようすを，上の㋐～㋒から選びましょう。

① 芽が出て成長し，葉が3～4まいになった。

②くきがよくのび，葉もしげり，花がさいた。

①

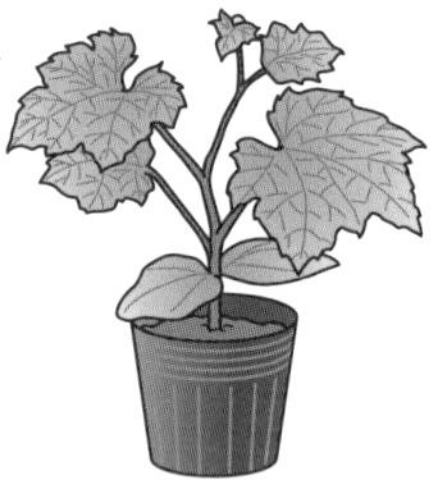

（　　）

②

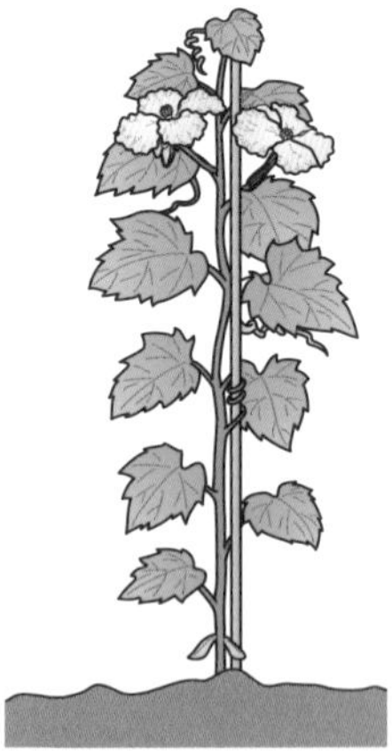

（　　）

2

次の①～④の回路について，電流の向きはどうなっていますか。それぞれ㋐，㋑から選びましょう。（1つ5点）

①

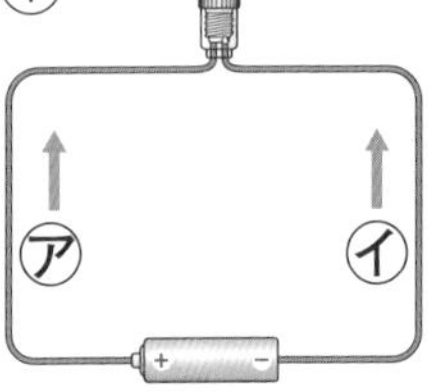

（　　）

②

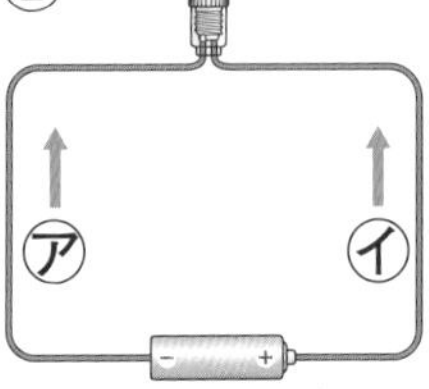

（　　）

③

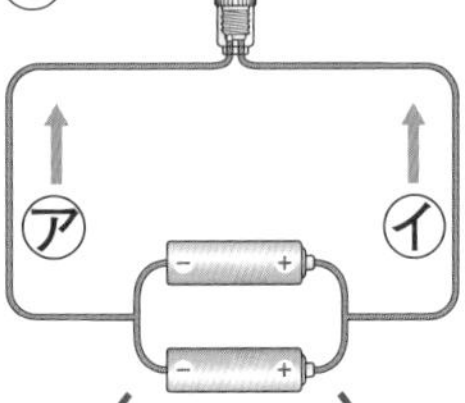

（　　）

④

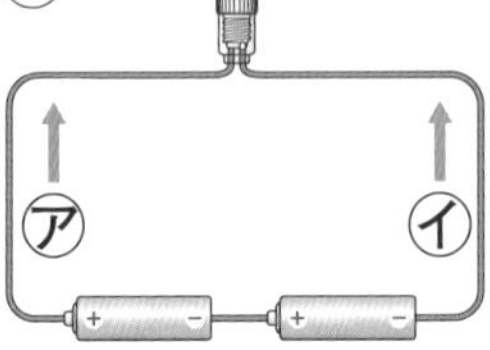

（　　）

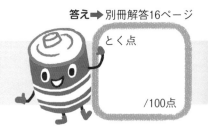

3 **右の図は，空気を入れてふくらませたビニルのボールです。これについて，次の問題に答えましょう。**（１つ10点）

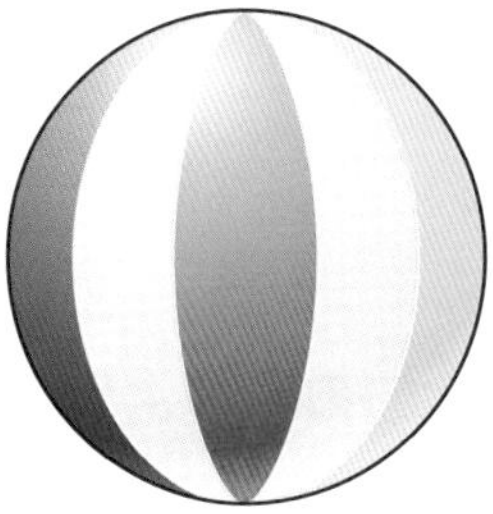

(1)　このボールを手で強くおすとどうなりますか。次の㋐～㋒から選びましょう。ただし，強くおしても，空気はぬけません。　（　　）

㋐　強くおすとへこみ，手をはなしても，そのままになる。

㋑　強くおすとへこみ，手をはなすと，もとにもどる。

㋒　強くおすとへこみ，手をはなすと，よりふくらむ。

(2)　このボールを手でおしたときの，へこみ方と手ごたえについて正しいものを，次の㋐～㋒から選びましょう。　（　　）

㋐　へこみ方が大きいほど，手ごたえも大きい。

㋑　へこみ方が大きいほど，手ごたえは小さい。

㋒　へこみ方が大きくなっても，手ごたえは変(か)わらない。

(3)　このボールを氷水につけると，ボールは少しへこみました。このボールを，もとのようにするにはどうすればよいですか。次の㋐，㋑から選びましょう。　（　　）

㋐　そのまま，氷水につけておく。

㋑　熱(あつ)い湯につける。

4 **右の図のような金ぞくのぼうや板を，実験用(じっけんよう)ガスこんろで熱(ねつ)しました。これについて，次の問題に答えましょう。**（１つ10点）

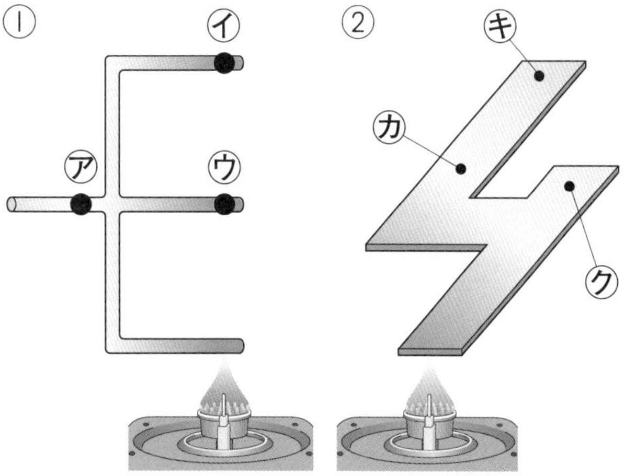

(1)　①のように，金ぞくのぼうを熱したとき，いちばん先にあたたまるのは，㋐～㋒のどこですか。　（　　）

(2)　②のように，金ぞくの板を熱したとき，いちばん先にあたたまるのは，㋕～㋗のどこですか。　（　　）

とく点

/100点

62 4年生のまとめ②

水面の位置の印

水

1 右の図のように，ビーカーに水を入れて，3〜4日，そのまま置いておきました。これについて，次の問題に答えましょう。 （1つ12点）

(1) 3〜4日後の水面の位置は，はじめの水面の位置とくらべて，上になっていますか，下になっていますか。 （　　　　　　）

(2) (1)の変化が最も大きくなるものを，次の㋐〜㋒から選びましょう。 （　　）

　㋐ ビーカーを，日光のよく当たる，あたたかいところに置いておく。

　㋑ ビーカーを，日かげのすずしいところに置いておく。

　㋒ ビーカーに，ラップでおおいをしておく。

(3) このビーカーにラップでおおいをしておくとどうなりますか。次の㋐〜㋒から選びましょう。 （　　）

　㋐ ラップの内側に水てきがつく。

　㋑ ビーカーの外側に水てきがつく。

　㋒ 何も変わらない。

(4) この実験から，どのようなことがわかりますか。次の㋐〜㋓から選びましょう。 （　　）

　㋐ 水は，ふっとうしないと，水じょう気にならないこと。

　㋑ 水は，ふっとうしなくても，水じょう気になること。

　㋒ 水は，およそ100℃にならなくても，ふっとうすること。

　㋓ 水は，およそ100℃にならないと，ふっとうしないこと。

(5) この実験の水と同じことが起きているものを，次の㋐〜㋒から選びましょう。 （　　）

　㋐ 池の水がこおる。　㋑ 氷がとける。　㋒ せんたく物がかわく。

2

右の図は，ヘチマのくきの長さの変化を調べ，グラフに表したものです。これについて，次の問題に答えましょう。　（１つ10点）

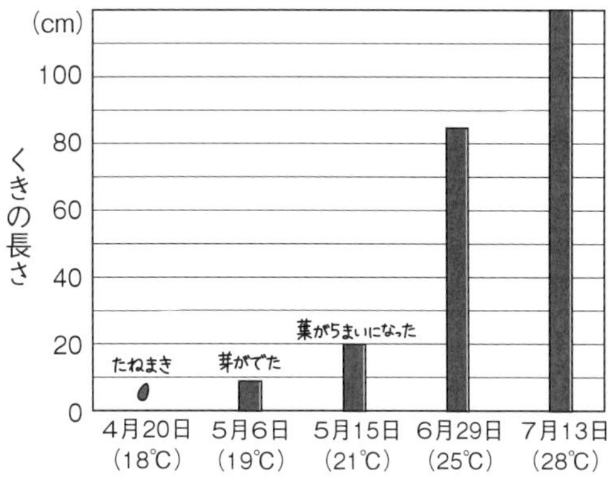

(1) ヘチマの育ち方について正しいものを，次の㋐～㋒から選びましょう。　（　　）

㋐ 気温が高くなると，よく育つようになる。

㋑ 気温が高くなると，あまり育たなくなる。

㋒ 気温が高くなっても，育ち方は変わらない。

(2) このまま10月ごろまで観察（かんさつ）を続（つづ）けると，くきはこのままのび続けますか，あまりのびなくなりますか。　（　　　　　　　）

3

右の図のように，モーターとかん電池を使って，回路をつくりました。これについて，次の問題に答えましょう。　（１つ10点）

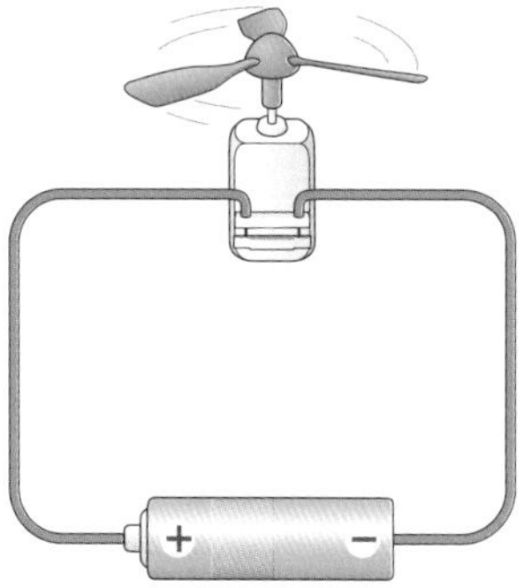

(1) 右の図の回路と，モーターの回る速さは同じで，回る向きが反対のものを，下の㋐～㋓から選びましょう。　（　　）

(2) 右の図の回路と，モーターの回る向きは同じで，速さがちがうものを，下の㋐～㋓から選びましょう。　（　　）

㋐

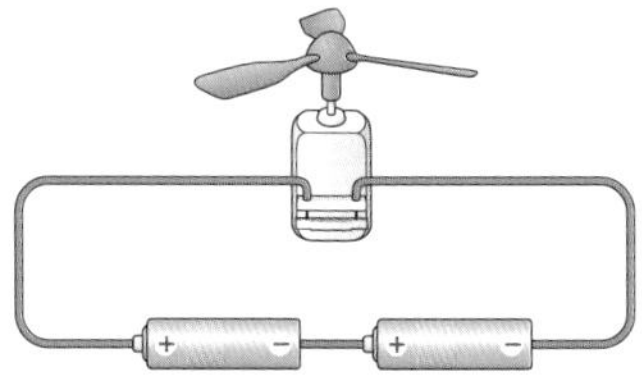

㋑

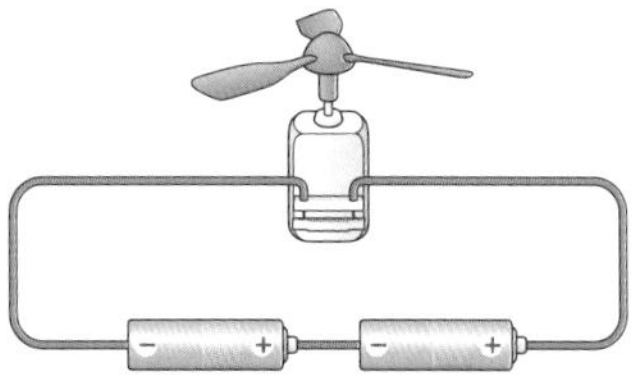

㋒

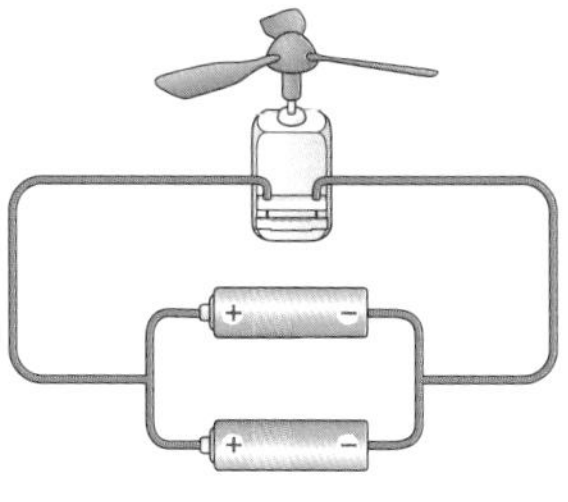

㋓

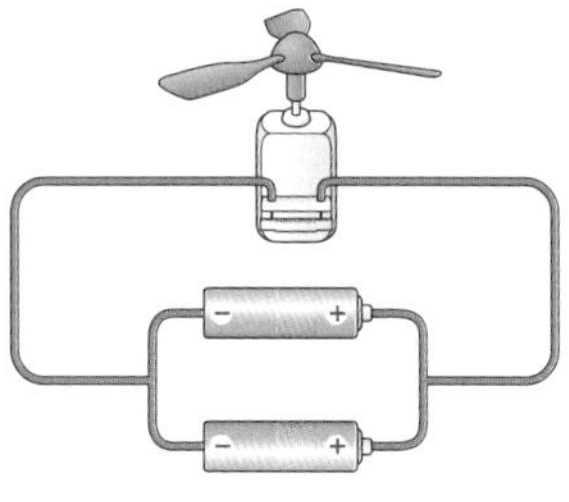

63 4年生のまとめ③

とく点

/100点

1 下の図は，晴れの日と雨の日の気温の変化を表したグラフです。これについて，次の問題に答えましょう。 （1つ7点）

(1) 晴れの日のグラフはどちらですか。㋐，㋑から選びましょう。 （　　）

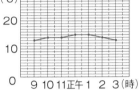

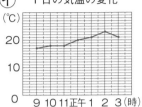

(2) 次の文は，(1)でそのグラフを選んだ理由を書いたものです。（　）にあてはまることばを，　　から選んで書きましょう。

朝と夕方は気温が①（　　　　　　），昼すぎに②（　　　　　　）なり，1日の気温の変化が③（　　　　　　）から。

高く　　低く　　大きい　　小さい

2 人の体について，次の問題に答えましょう。

（1つ7点）

(1) 右の人の体の図で，ほね・きん肉・関節をしめしているのはどれですか。㋐〜㋒からそれぞれ選びましょう。

ほね　（　　）

きん肉（　　）

関節　（　　）

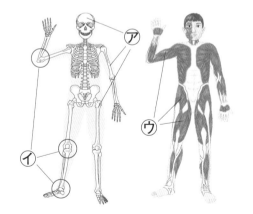

(2) 次の文は，何についての説明ですか。

ほね・きん肉・関節から選んで書きましょう。

① ちぢんだりゆるんだりして，体を動かす。 （　　　　　）

② ほねとほねのつなぎ目で，体を曲げる。 （　　　　　）

③ 体をささえる。 （　　　　　）

3

右の図は，金ぞくでできている送電線や鉄道のレールのようすを表したものです。これについて，次の問題に答えましょう。（１つ６点）

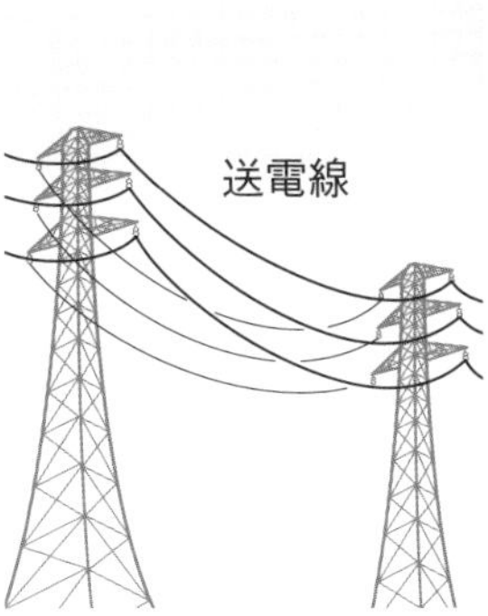

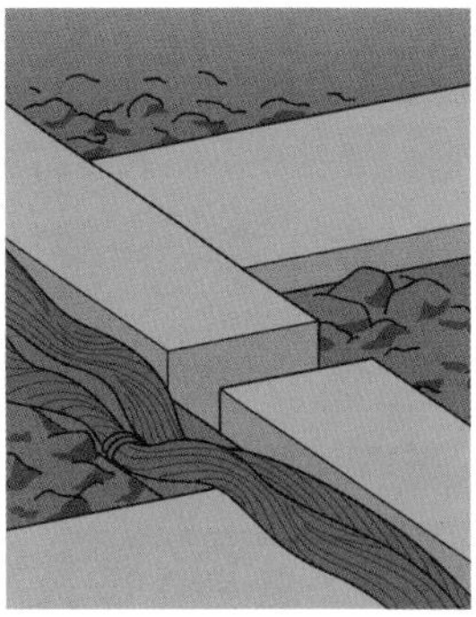

⑴　夏に送電線を見ると，図のようにたるんでいました。冬になるとどうなりますか。次の㋐～㋒から選びましょう。（　　）

㋐　夏よりもたるむ。　　㋑　夏と同じ。

㋒　夏よりもたるみが小さくなる。

⑵　冬にレールを見ると，図のようにつなぎ目にすき間があいていました。夏になるとどうなりますか。次の㋐～㋒から選びましょう。（　　）

㋐　冬よりもすき間が大きくなる。　　㋑　冬と同じ。

㋒　冬よりもすき間が小さくなる。

4

右の図は，ビーカーに入れた水を熱したときのようすを表したものです。これについて，次の問題に答えましょう。（１つ６点）

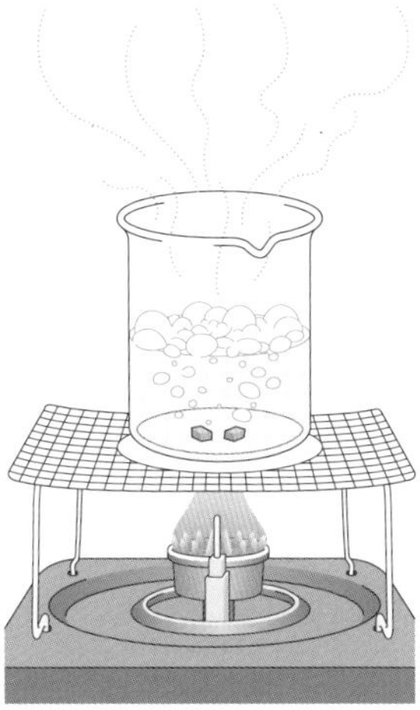

⑴　右の図のように，熱せられた水がわき立つことを何といいますか。（　　　　　）

⑵　右の図のように熱したときの，水の温度の変化をグラフに表すとどうなりますか。次の㋐～㋒から選びましょう。（　　）

㋐

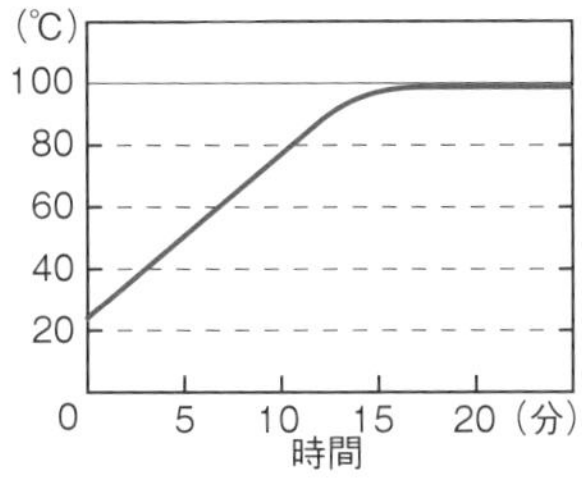

㋑

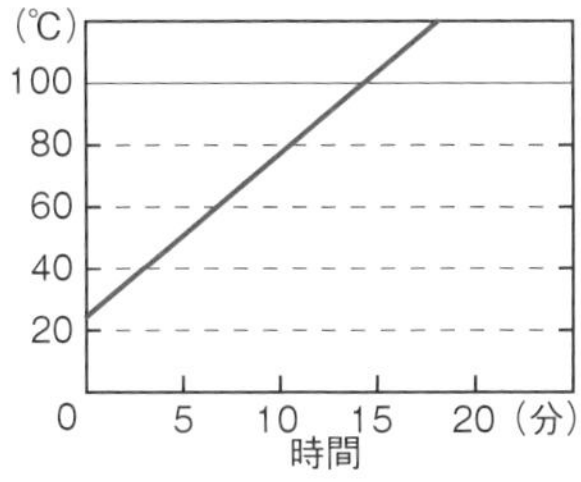

㋒

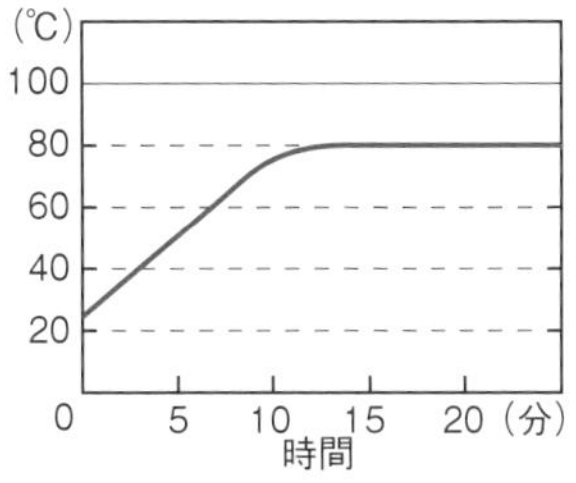

⑶　図のように熱し続けていると，ビーカーの中の水の量はどうなっていきますか。（　　　　　）

基礎力をつけるには くもんの小学ドリル が 強いみかた!!

スモールステップで、らくらく力がついていく!!

算数

計算シリーズ(全13巻)
① 1年生たしざん
② 1年生ひきざん
③ 2年生たし算
④ 2年生ひき算
⑤ 2年生かけ算（九九）
⑥ 3年生たし算・ひき算
⑦ 3年生かけ算
⑧ 3年生わり算
⑨ 4年生わり算
⑩ 4年生分数・小数
⑪ 5年生分数
⑫ 5年生小数
⑬ 6年生分数

数・量・図形シリーズ(学年別全6巻)

文章題シリーズ(学年別全6巻)

プログラミング
① 1・2年生　② 3・4年生　③ 5・6年生

学力チェックテスト

算数(学年別全6巻)

国語(学年別全6巻)

英語(5年生・6年生 全2巻)

国語

1年生ひらがな

1年生カタカナ

漢字シリーズ(学年別全6巻)

言葉と文のきまりシリーズ(学年別全6巻)

文章の読解シリーズ(学年別全6巻)

書き方(書写)シリーズ(全4巻)
① 1年生ひらがな・カタカナのかきかた
② 1年生かん字のかきかた
③ 2年生かん字の書き方
④ 3年生漢字の書き方

英語

3・4年生はじめてのアルファベット
ローマ字学習つき

3・4年生はじめてのあいさつと会話

5年生英語の文

6年生英語の文

くもんの理科集中学習　小学4年生　理科にぐーんと強くなる

2020年 2月　第1版第 1刷発行
2024年 5月　第1版第11刷発行

●発行人　志村直人
●発行所　株式会社くもん出版
　〒141-8488 東京都品川区東五反田2-10-2
　　　　　　 東五反田スクエア11F
　電話　編集直通　03(6836)0317
　　　　営業直通　03(6836)0305
　　　　代表　　　03(6836)0301

●印刷・製本　共同印刷株式会社
●カバーデザイン　辻中浩一+小池万友美(ウフ)
●カバーイラスト　亀山鶴子

●本文イラスト　楠美マユラ，藤立育弘
●本文デザイン　ワイワイデザイン・スタジオ
●編集協力　株式会社カルチャー・プロ

© 2020 KUMON PUBLISHING CO.,Ltd Printed in Japan
ISBN 978-4-7743-2890-4
落丁・乱丁はおとりかえいたします。

くもん出版ホームページアドレス　https://www.kumonshuppan.com/

※本書は『理科集中学習 小学4年生』を改題し，新しい内容を加えて編集しました。